设 计 师 手 稿 系 列

女装款式设计500例·礼服

马瑜 著

中国纺织出版社有限公司

内 容 提 要

本书遵循女装设计规律和方法，围绕时下流行礼服设计的风格特点，应用流行的设计技法及流行趋势，呈现大量款式图案例。同时，本书结合款式图绘制的美学原理和款式构成，从实际应用出发，表现服装款式的设计理念与独特美感，诠释服装流行趋势、形式美法则及服装款式构成等专业知识。全书分为三章，第一章为婚礼服，第二章为长款礼服，第三章为中长款礼服。

本书既可作为服装专业院校的课程教材，也可作为服装爱好者的自学用书。

图书在版编目（CIP）数据

女装款式设计500例. 礼服 / 马瑜著. --北京：中国纺织出版社有限公司，2021.11
（设计师手稿系列）
ISBN 978-7-5180-8723-5

Ⅰ. ①女… Ⅱ. ①马… Ⅲ. ①女服—服装款式—款式设计 Ⅳ. ①TS941.717

中国版本图书馆CIP数据核字（2021）第143059号

责任编辑：孙成成　　责任校对：寇晨晨　　责任印制：王艳丽

中国纺织出版社有限公司出版发行
地址：北京市朝阳区百子湾东里 A407 号楼　邮政编码：100124
销售电话：010—67004422　传真：010—87155801
http://www.c-textilep.com
中国纺织出版社天猫旗舰店
官方微博 http://weibo.com/2119887771
唐山玺诚印务有限公司印刷　各地新华书店经销
2021 年 11 月第 1 版第 1 次印刷
开本：889 × 1194　1/16　印张：10
字数：200 千字　定价：55.00 元

前言

PREFACE

经过十多年的工作积累，笔者研究总结出符合服装专业课堂教学及实践的绘图方法，依据流行特点、风格分类与设计技法，从生产实践出发，利用专业制图软件设计绘制出 500 余例时尚女装礼服款式图，注重结构工艺与设计细节，并按照婚礼服、长款礼服、中长款礼服进行分类展示。本节可以帮助服装设计专业人员快速掌握礼服款式图的表现要领和设计规律，具有较好的指导意义。本书既可作为服装专业应用型、技能型人才的参考书籍，也可作为服装设计爱好者激发兴趣、启发思维的专业书籍。

在此，特别感谢杨立璇、郑沛洁为本书提供的帮助。

2021年11月

目录
CONTENTS

本章节的婚礼服款式主要针对西式（女士）婚礼服，强调婚礼服板型与款式的多样性，以及装饰材料与面料搭配的多样性。绸缎、蕾丝、水晶、水钻、珍珠等高级的面辅料常用于婚礼服上，整体的板型多以 A 型为主，主要体现婚礼服的浪漫与隆重。

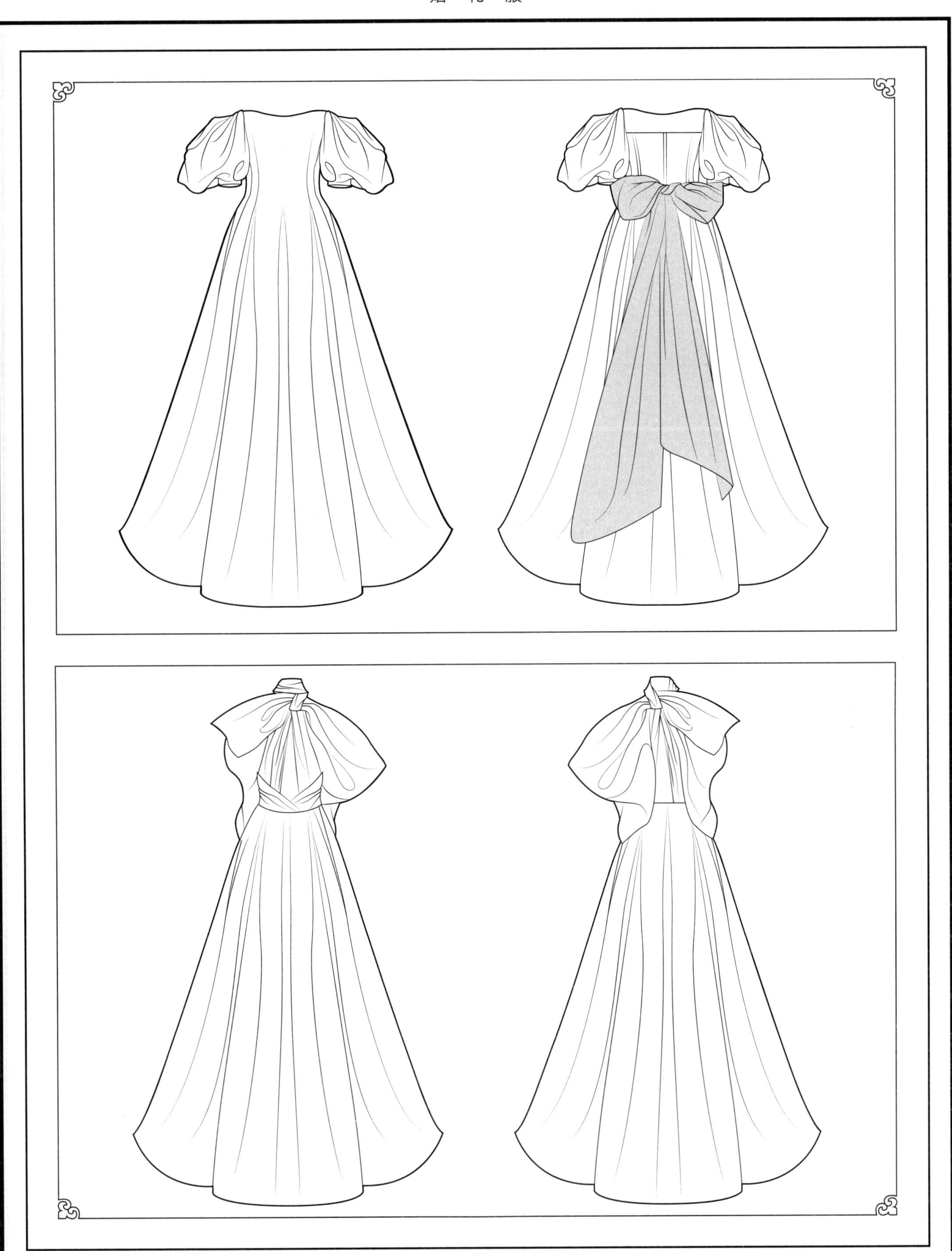

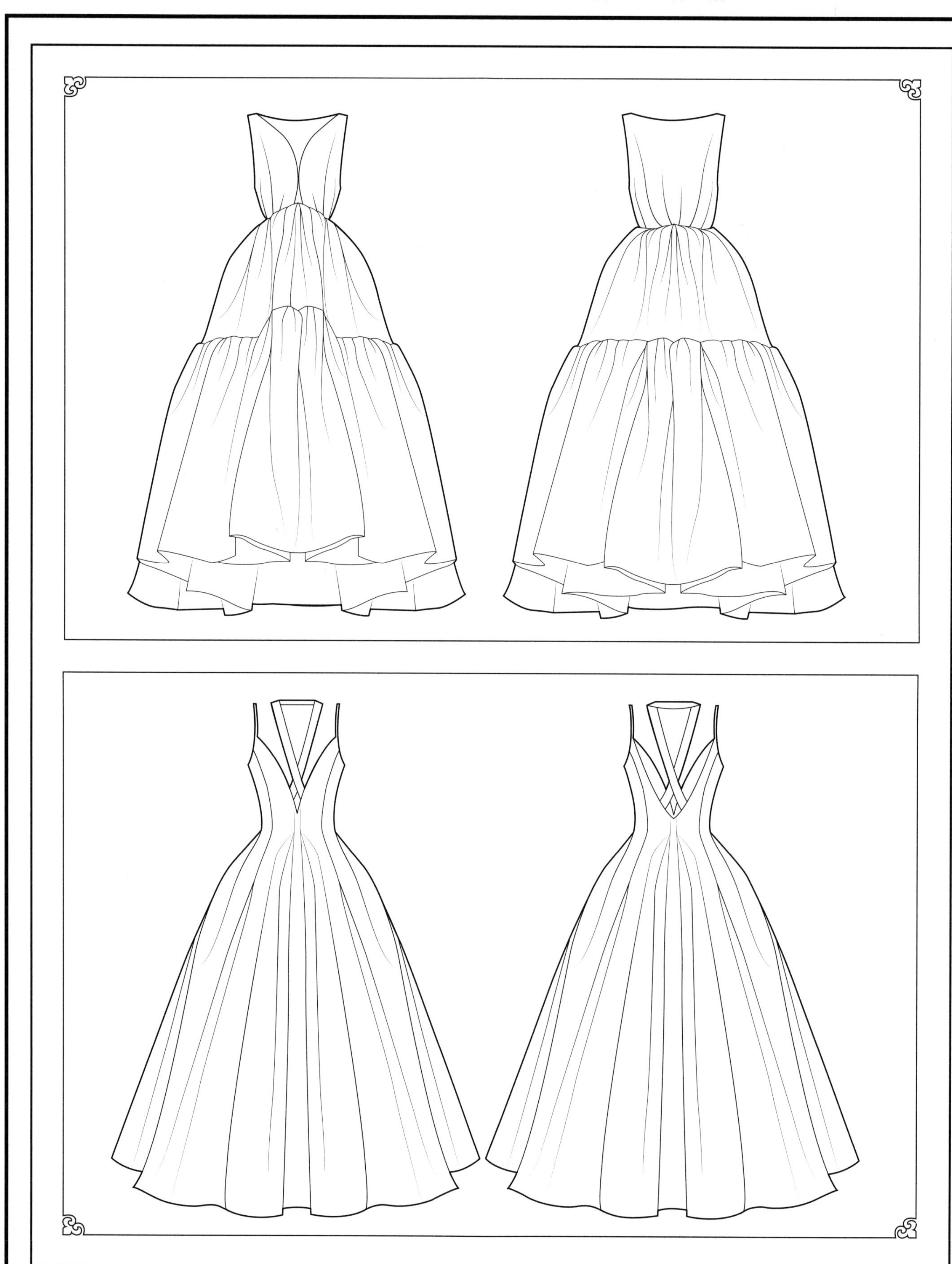

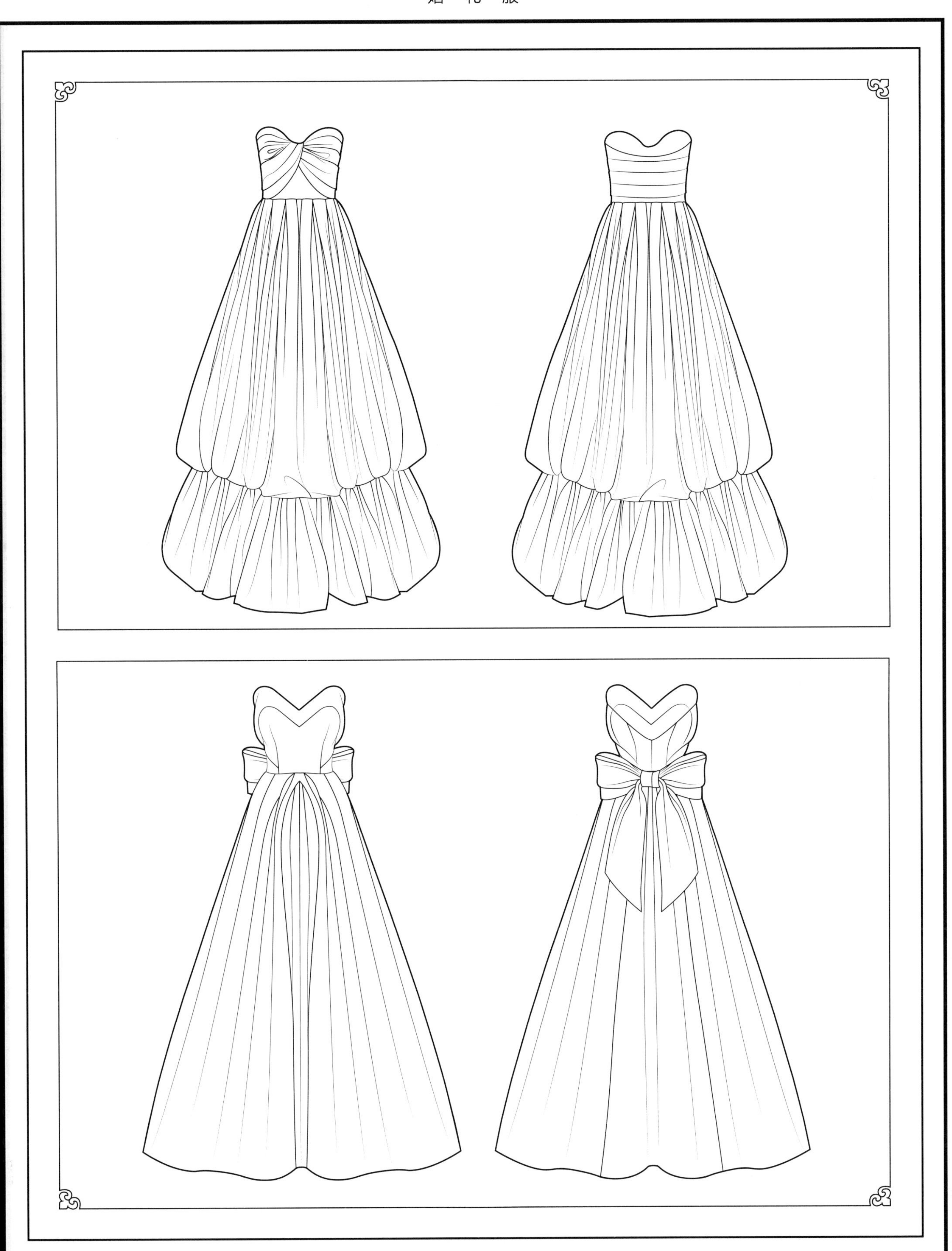

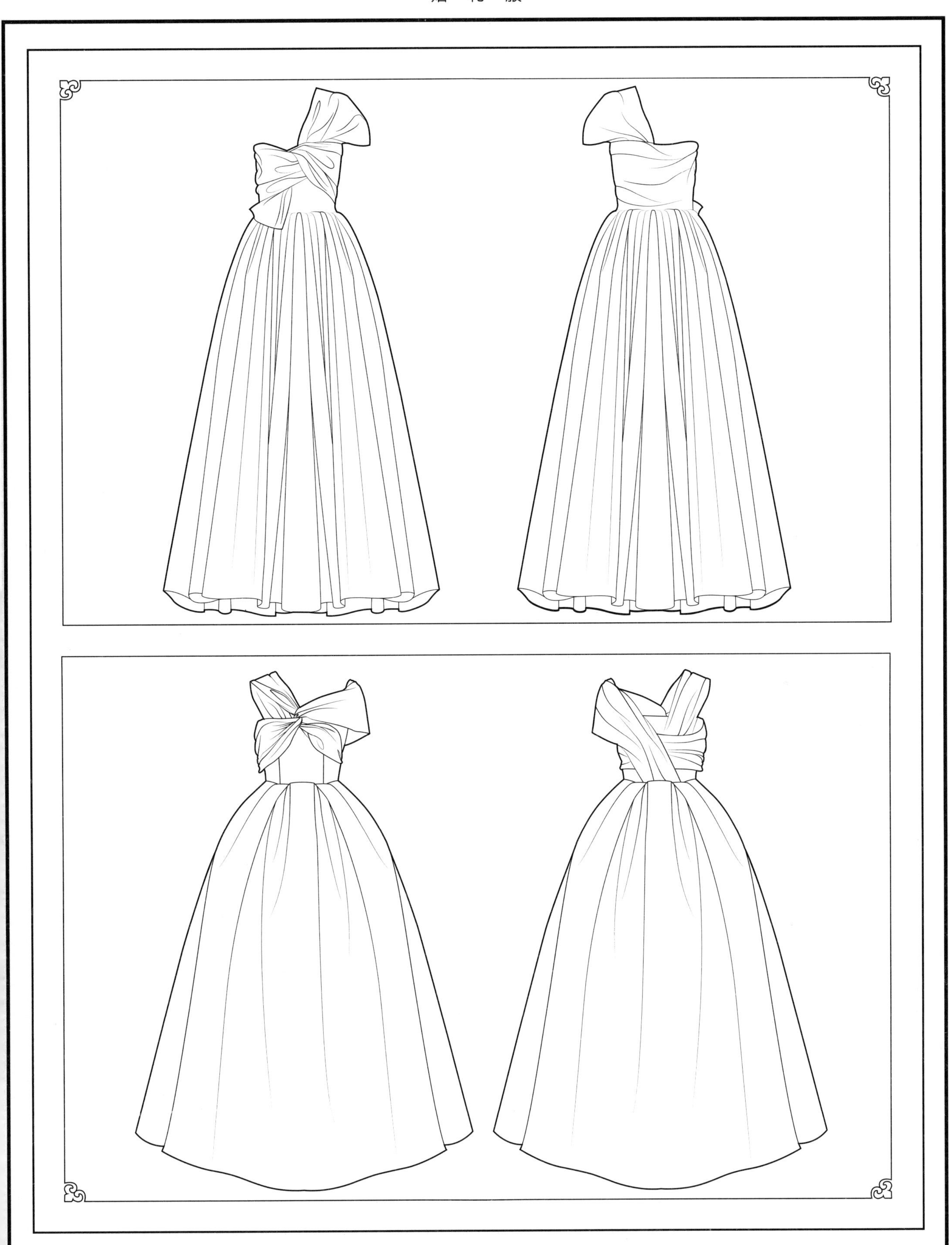

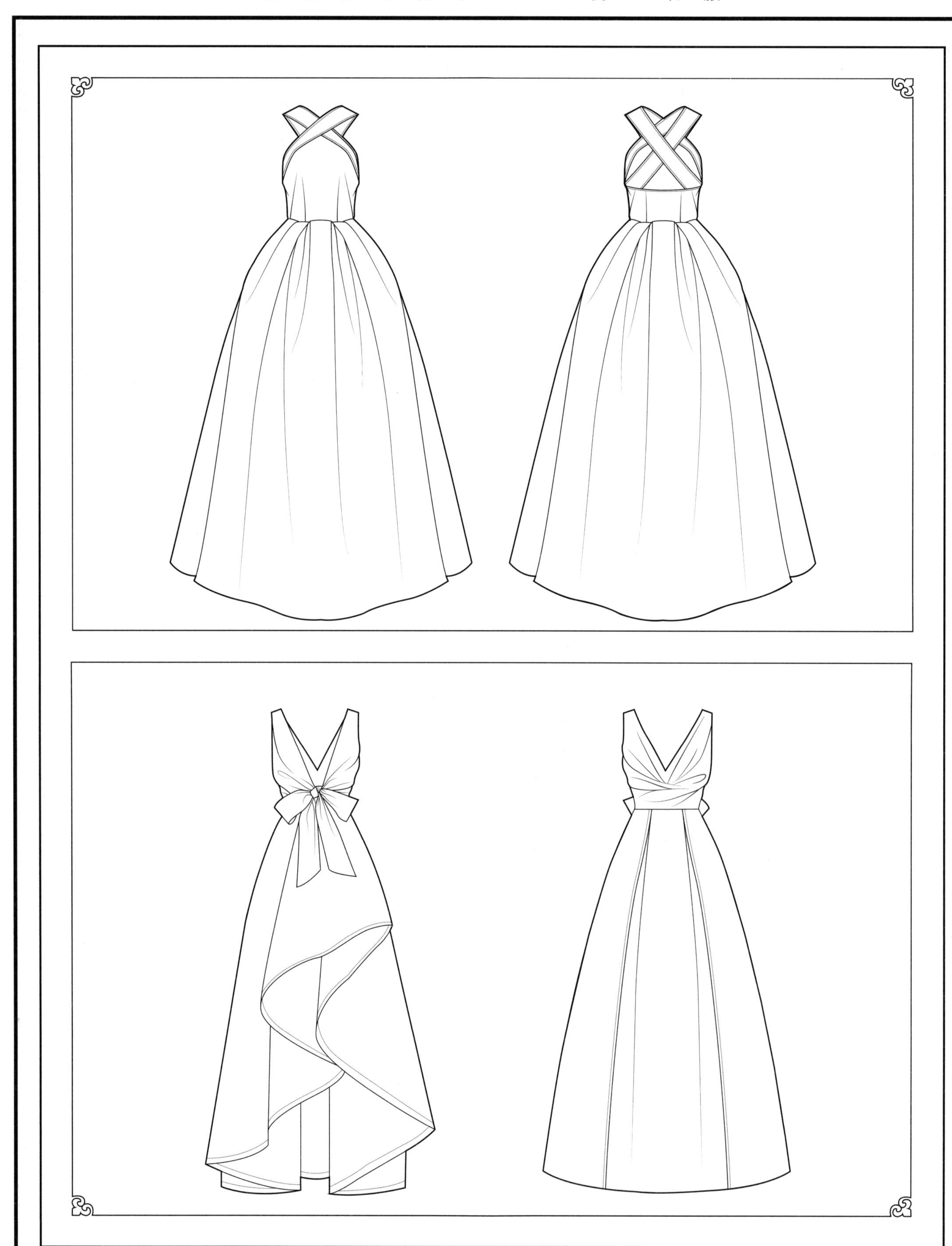

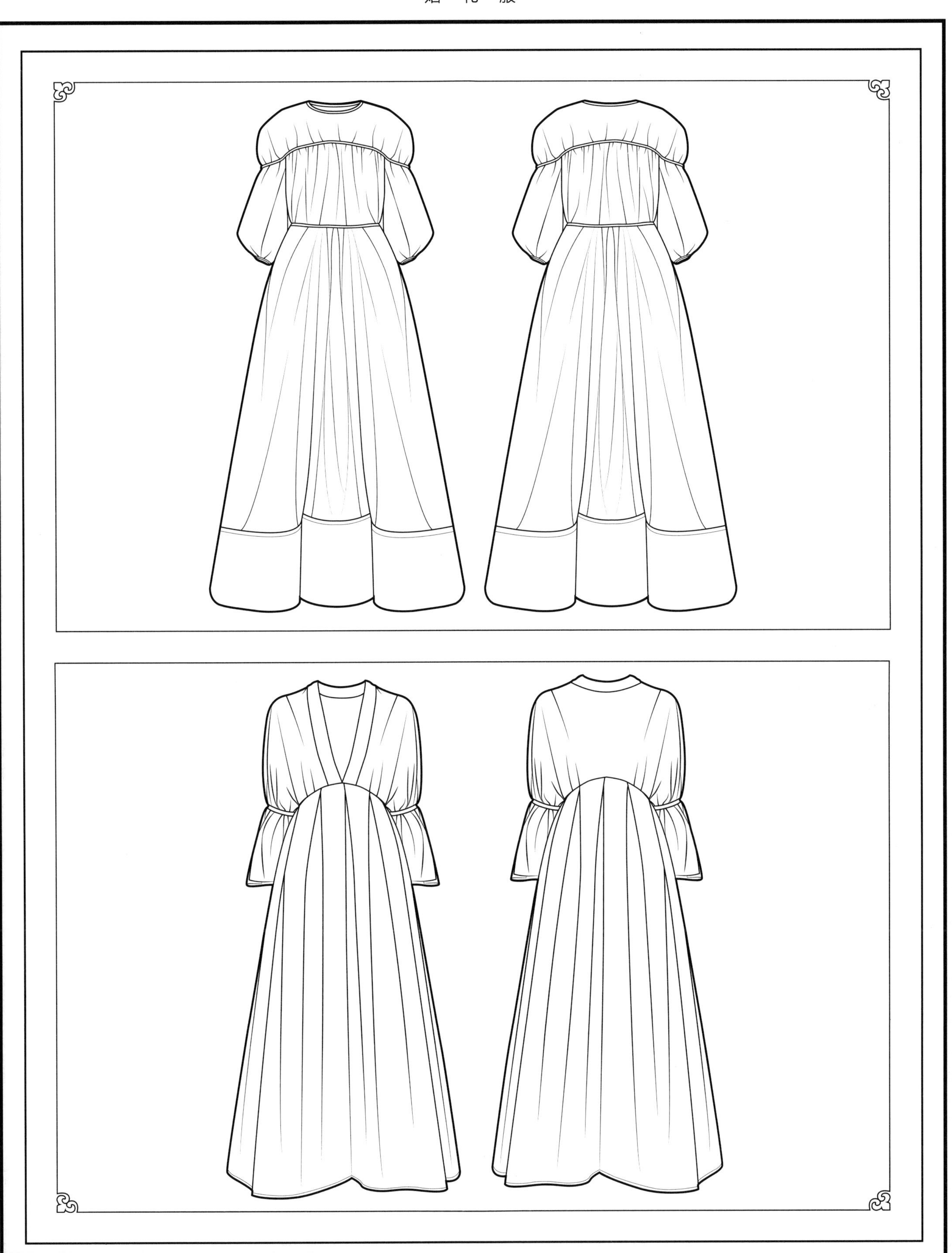

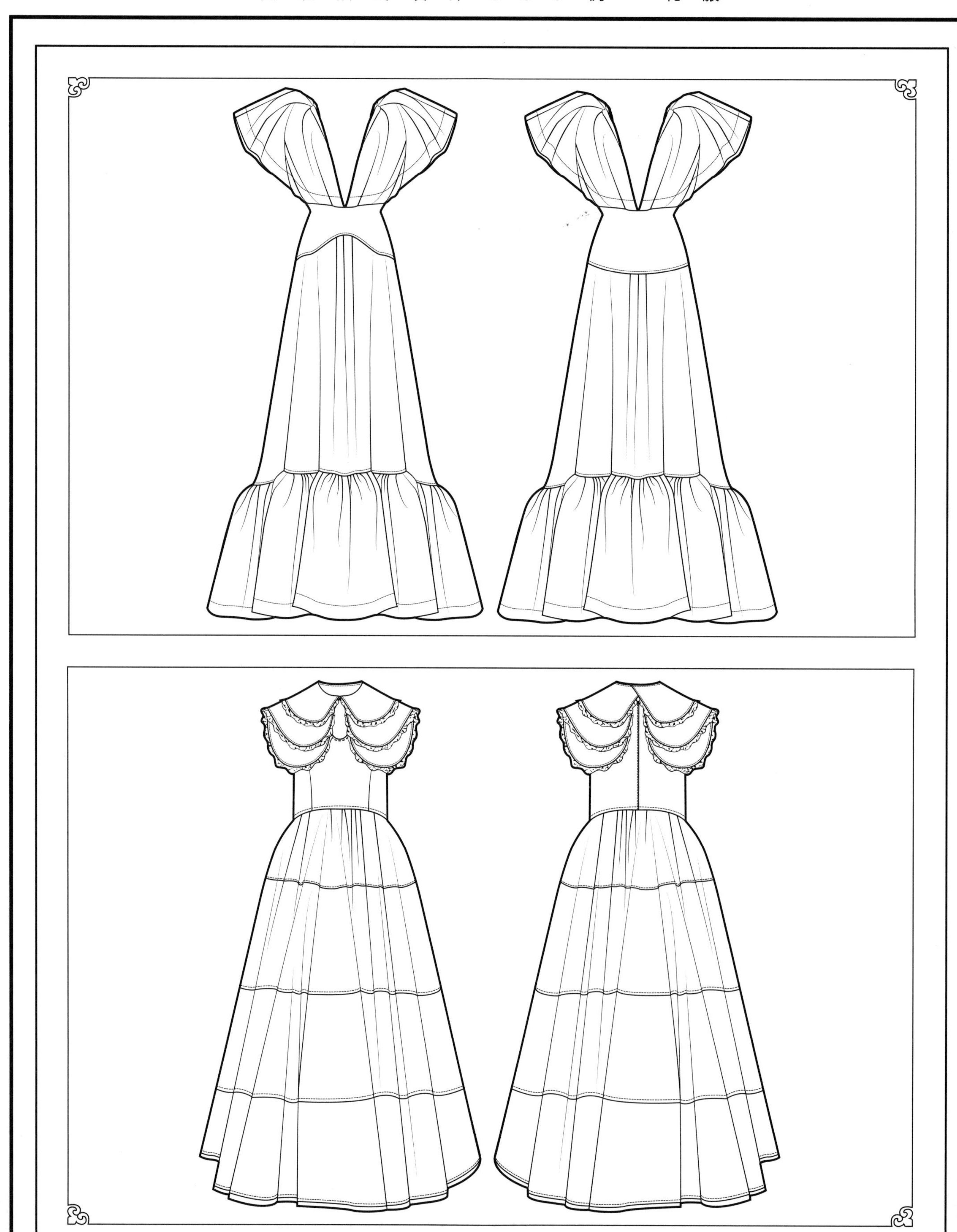

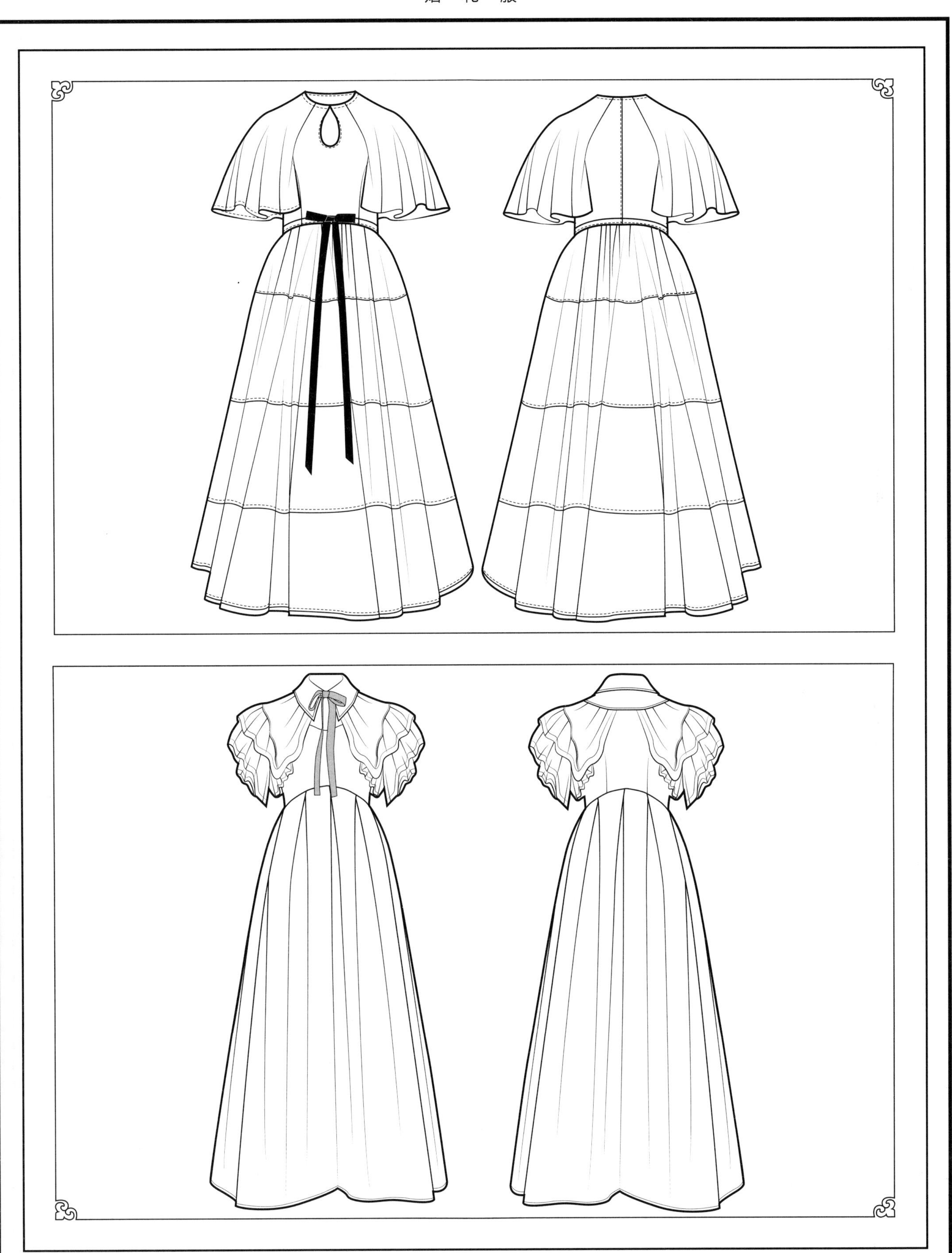

长款礼服款式板型多变，着重体现面料与辅料的搭配效果。本章节主要突出长款礼服的肩部、胸部、腰部等细节设计，不同风格的裙摆设计突出长款礼服的适用性与独特性。不同风格的长款礼服适用于不同的场合穿着。

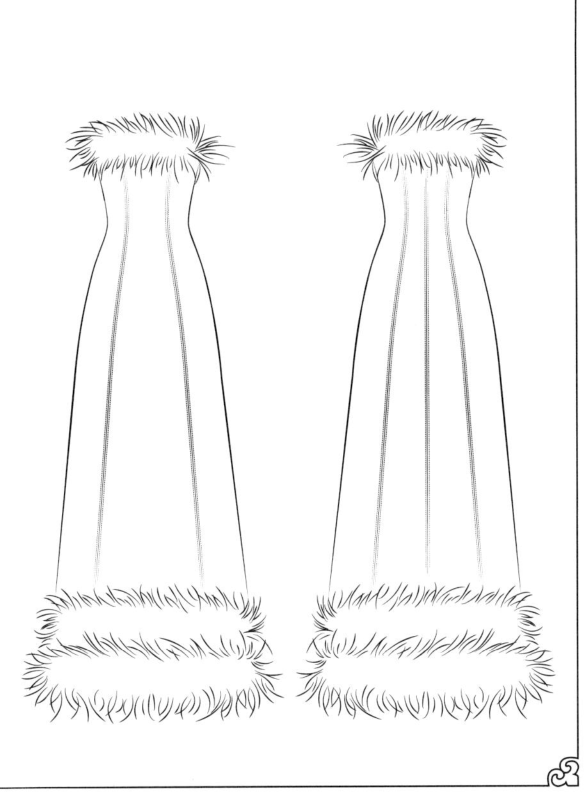

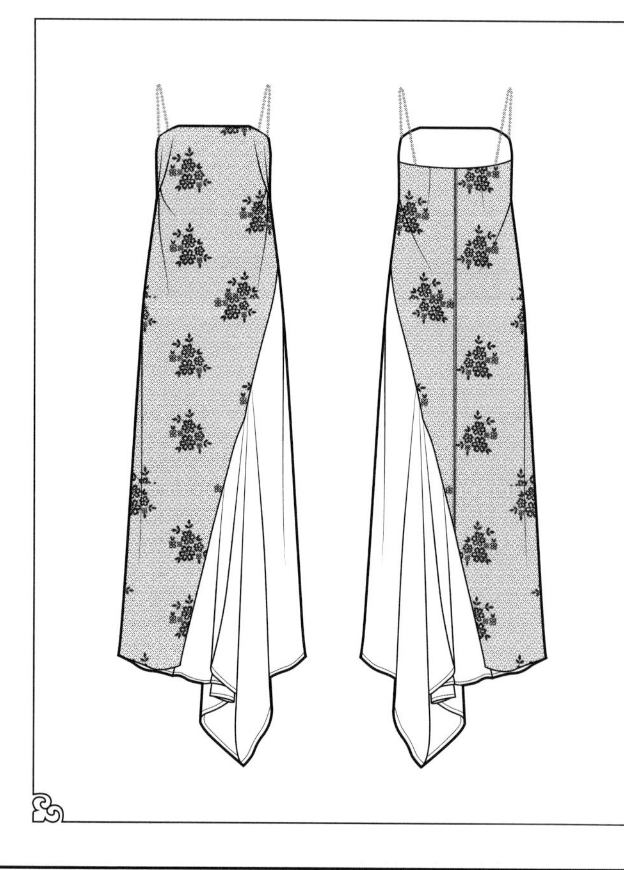

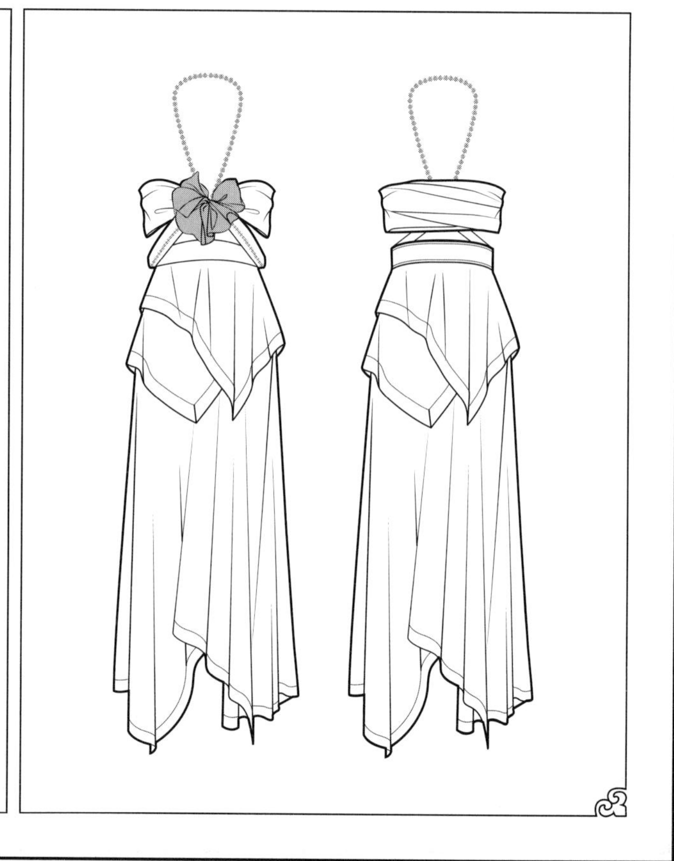

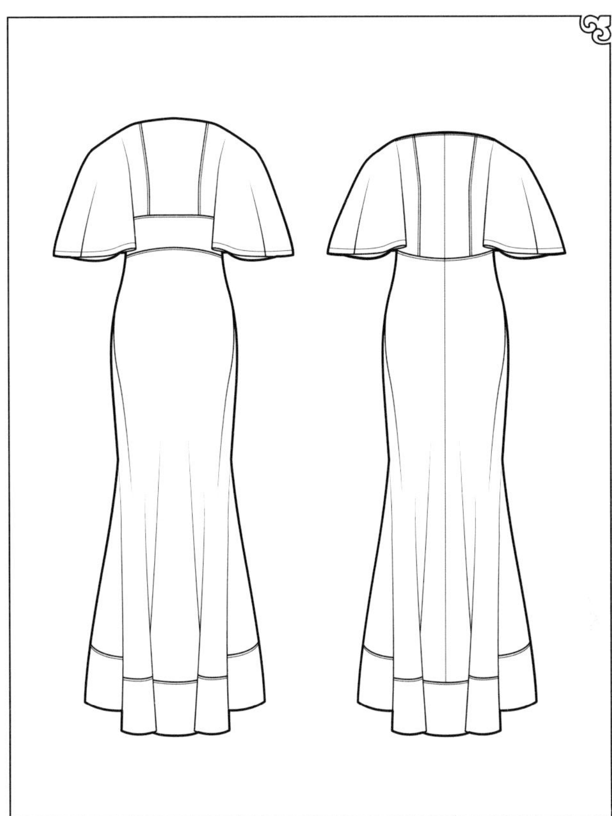
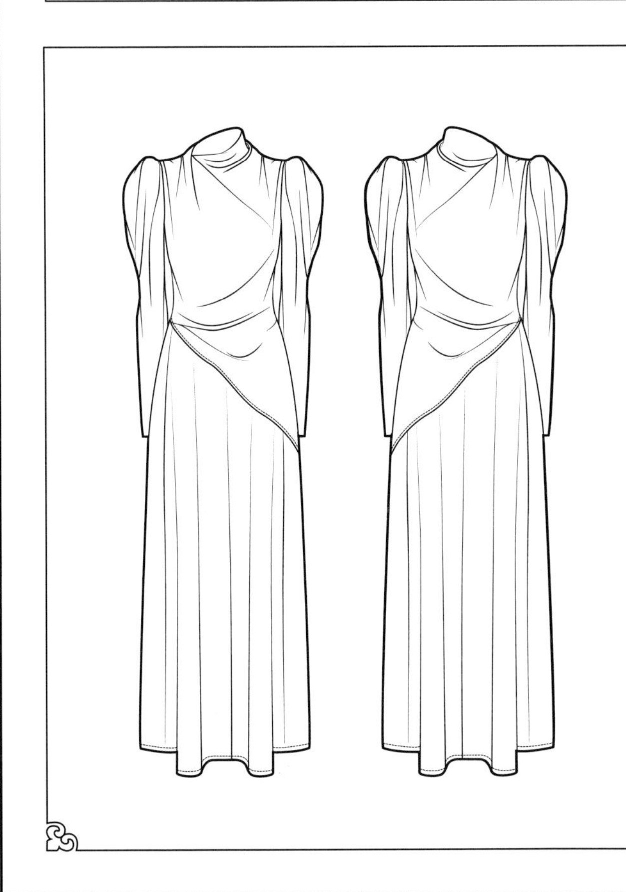

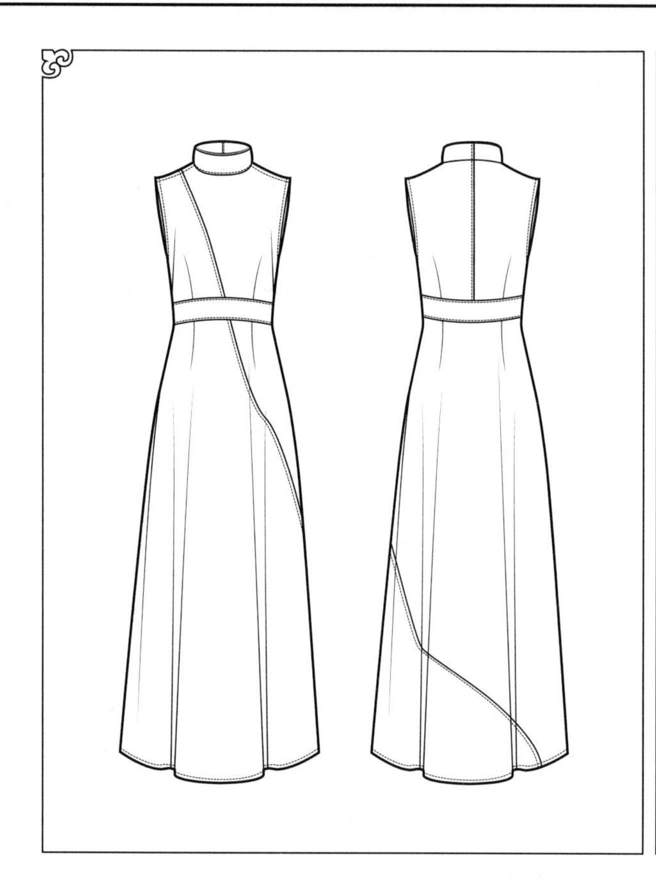

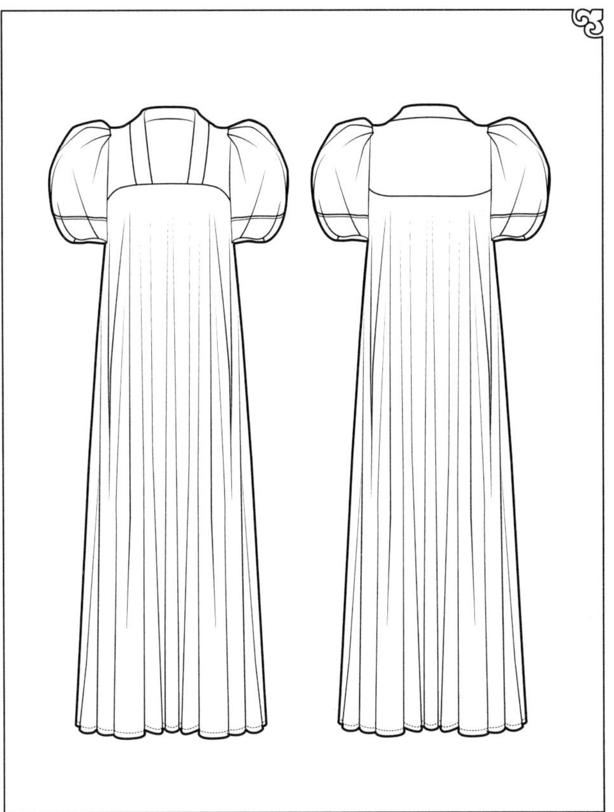

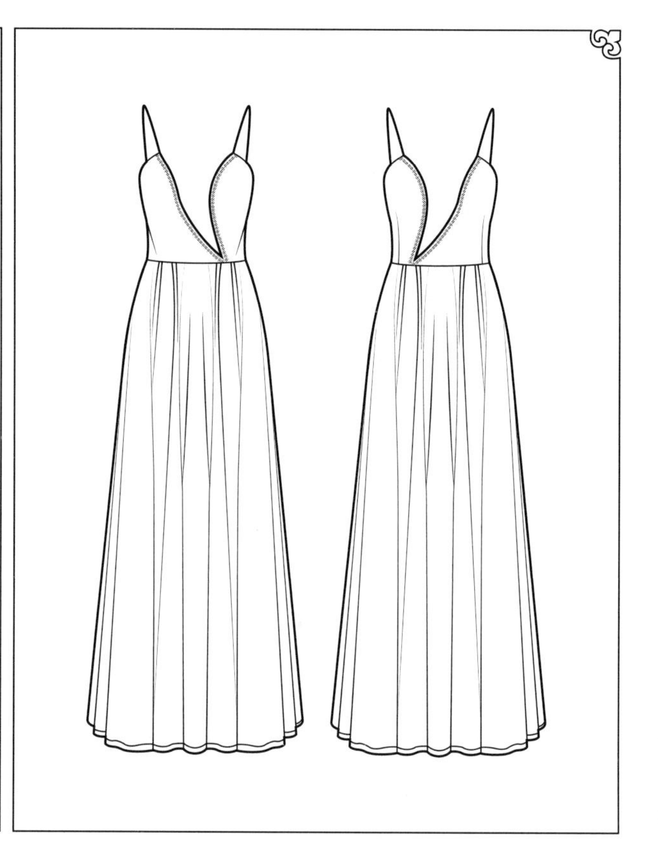

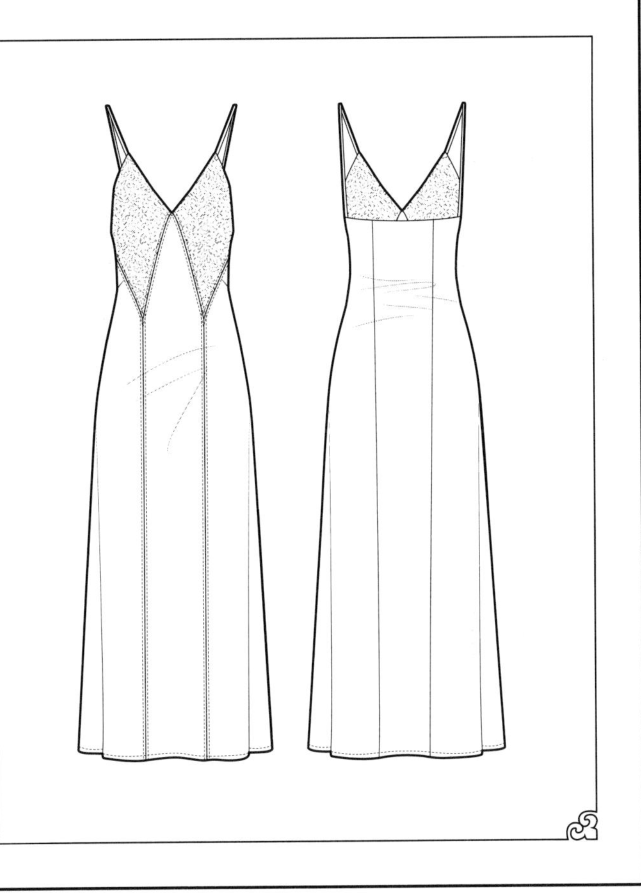

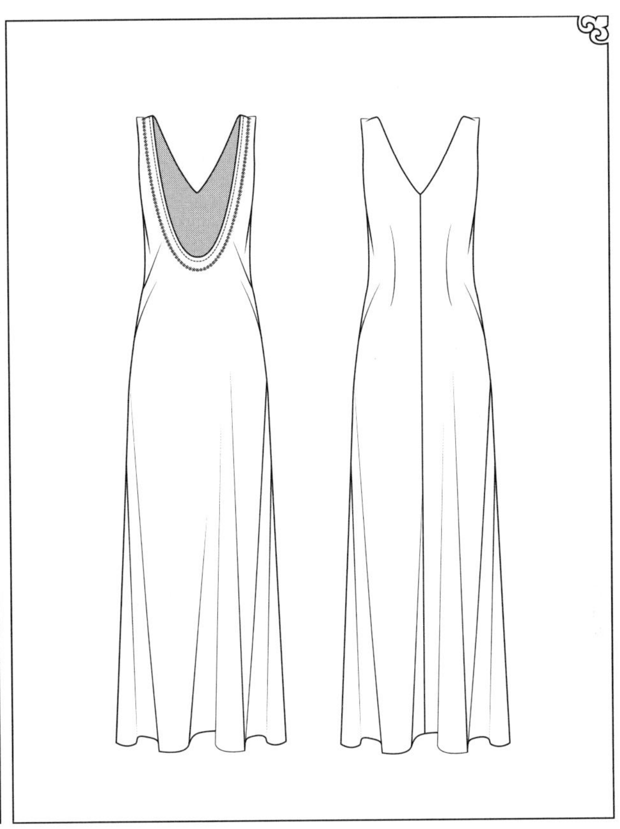

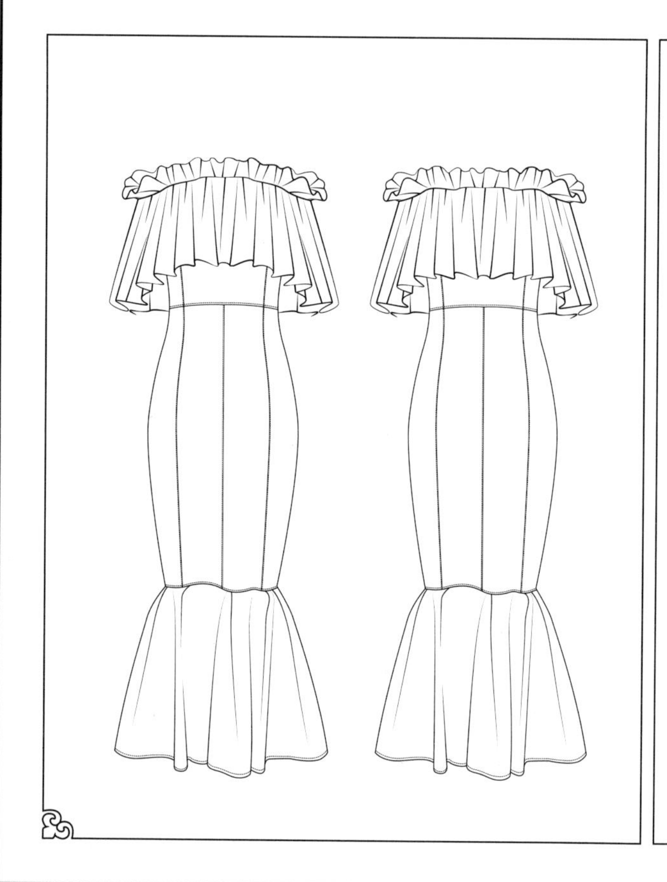

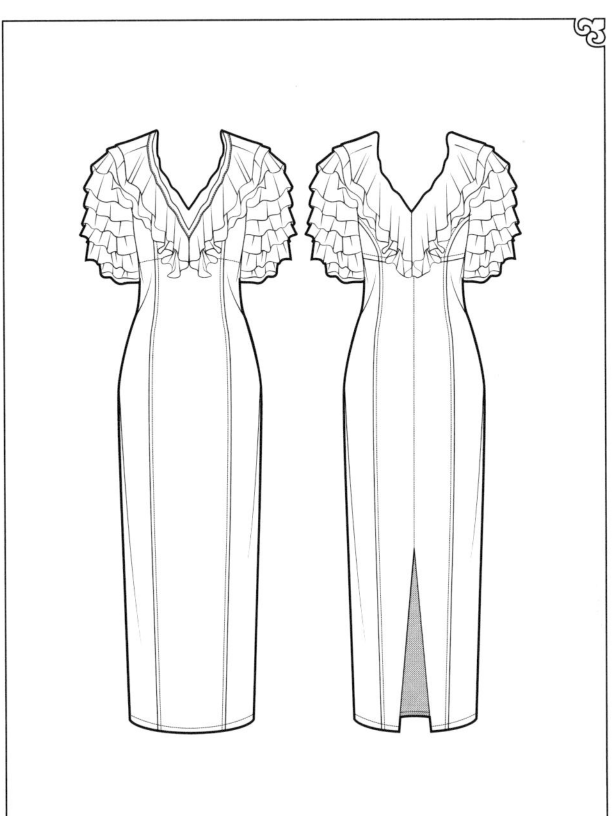

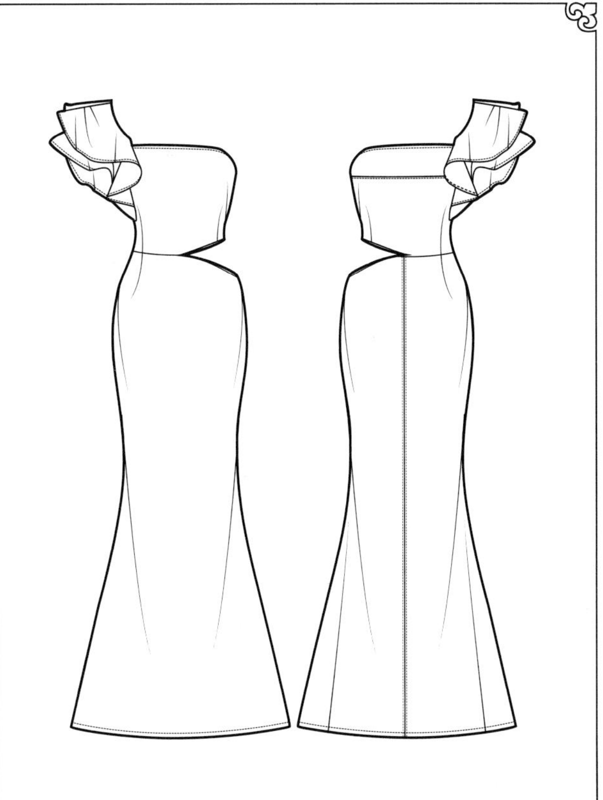

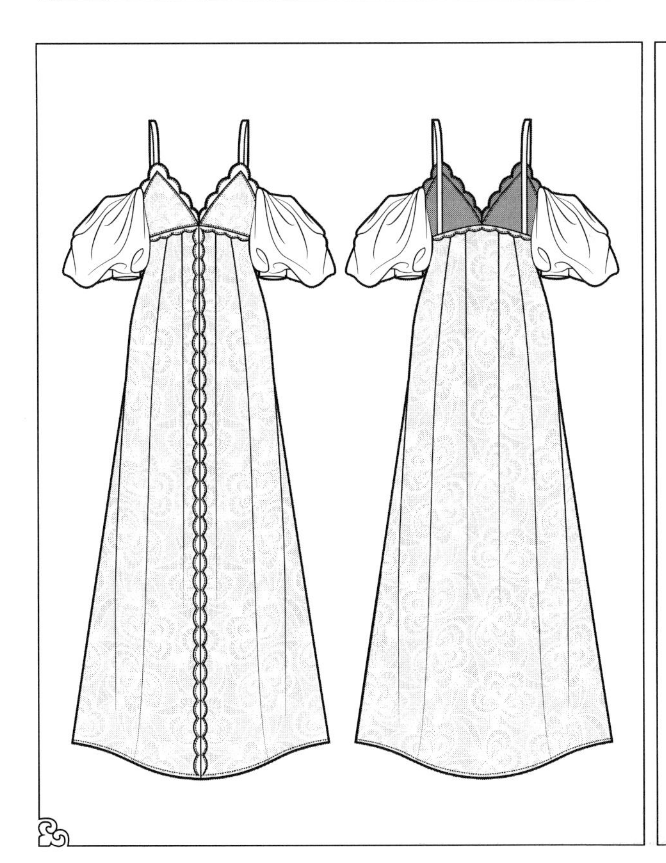

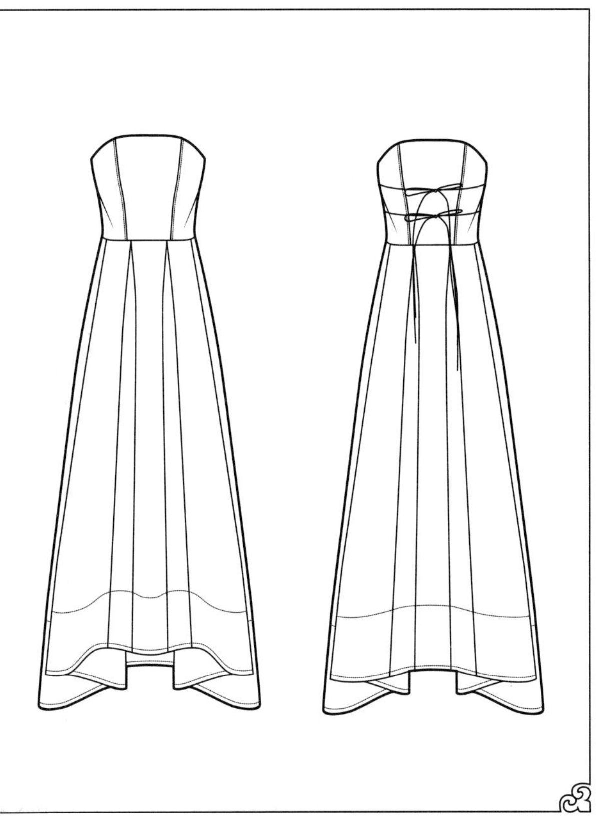

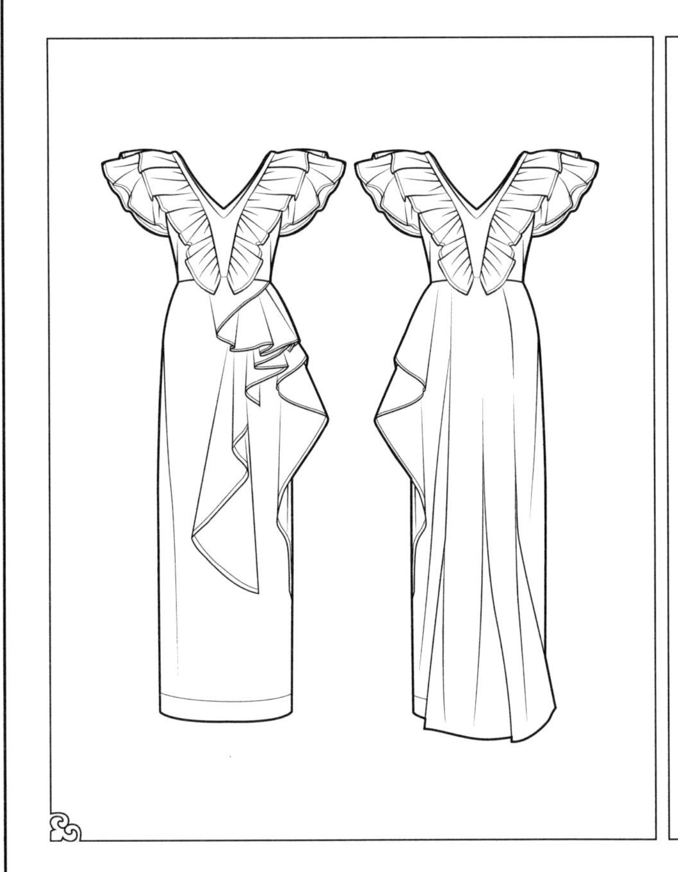

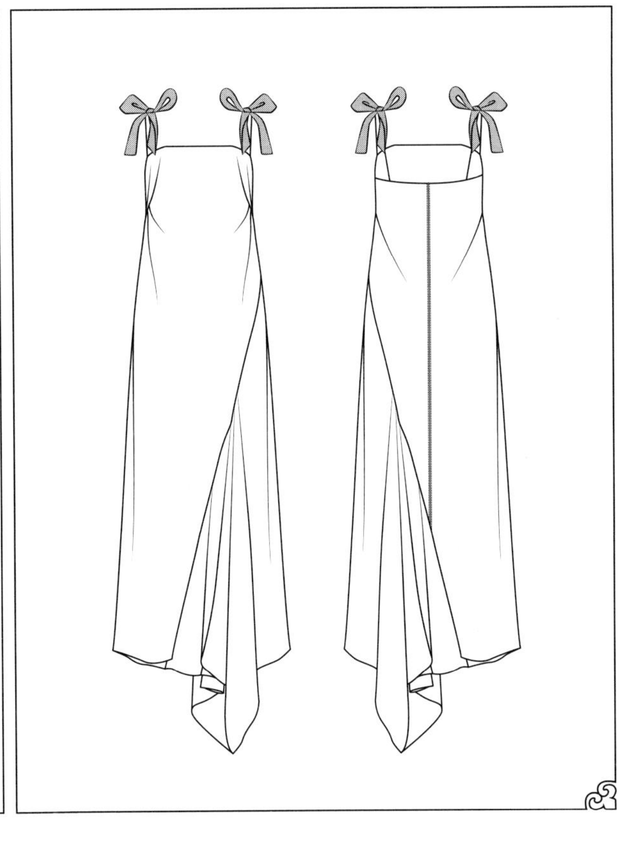

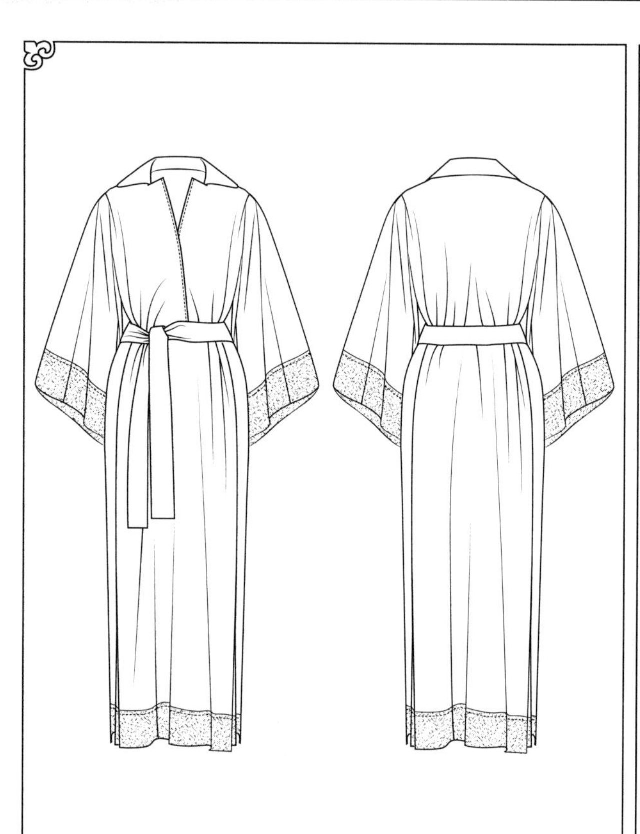

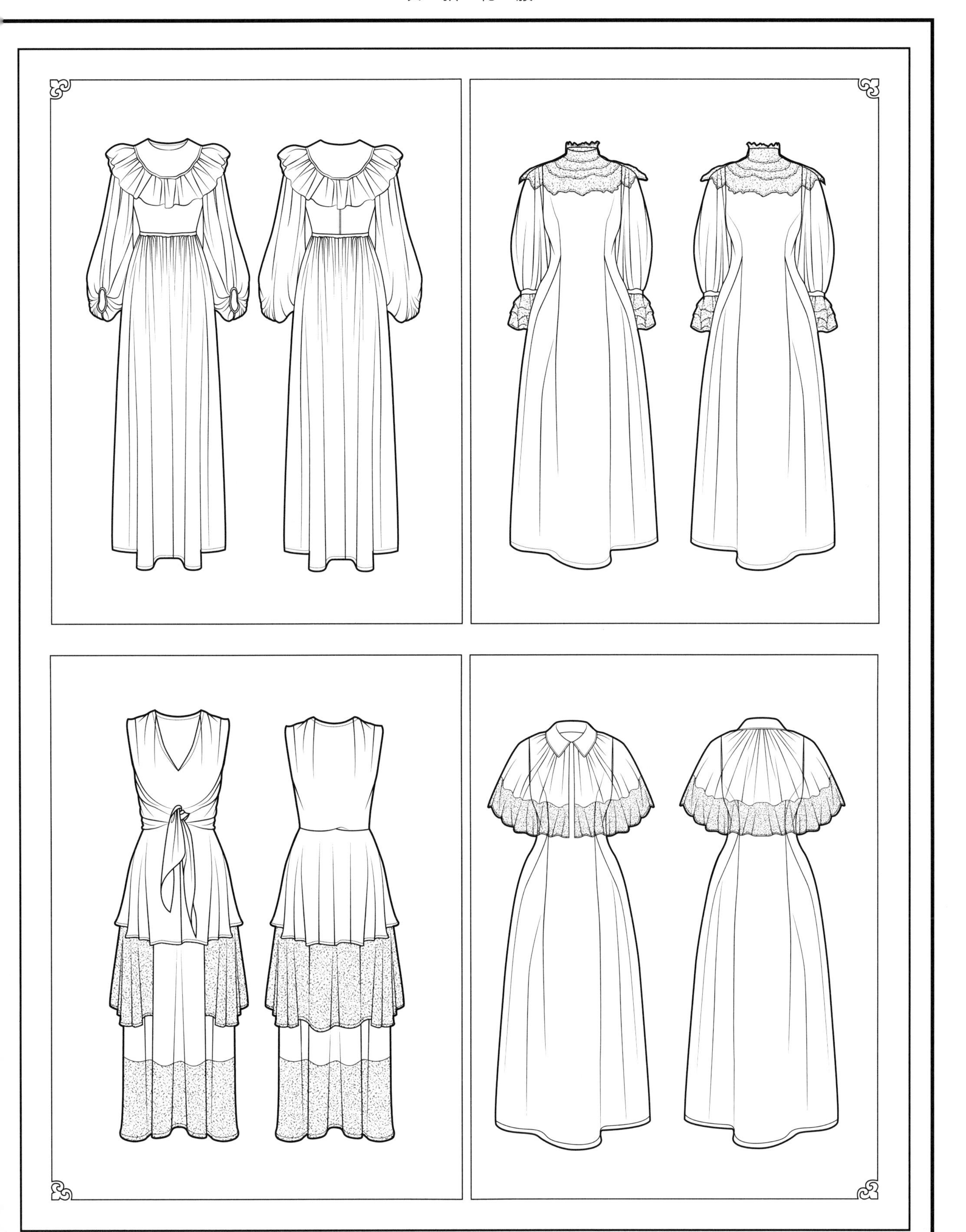

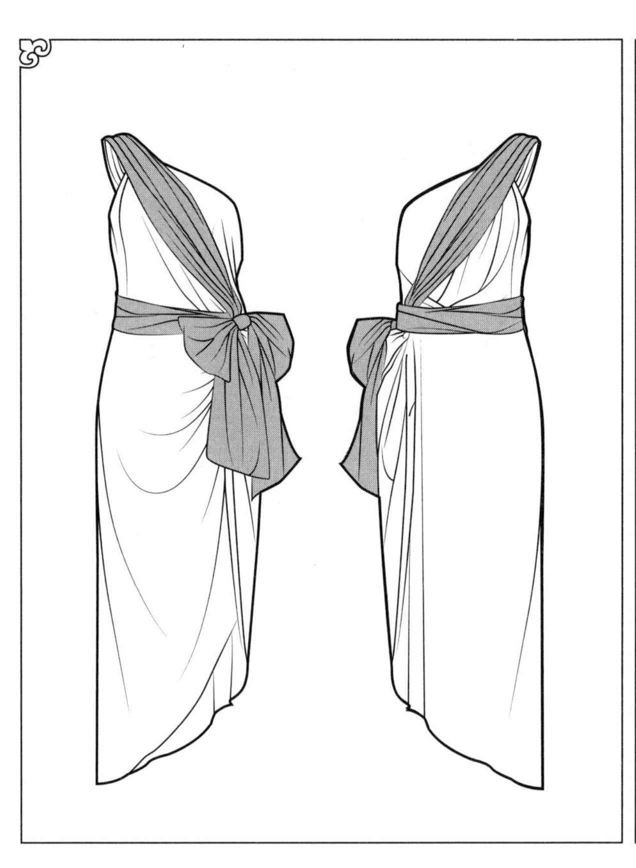

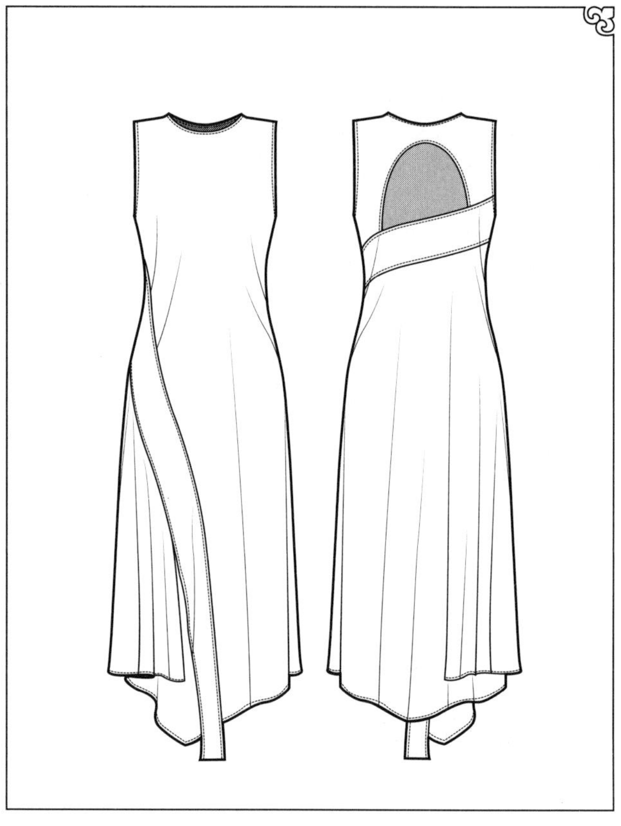

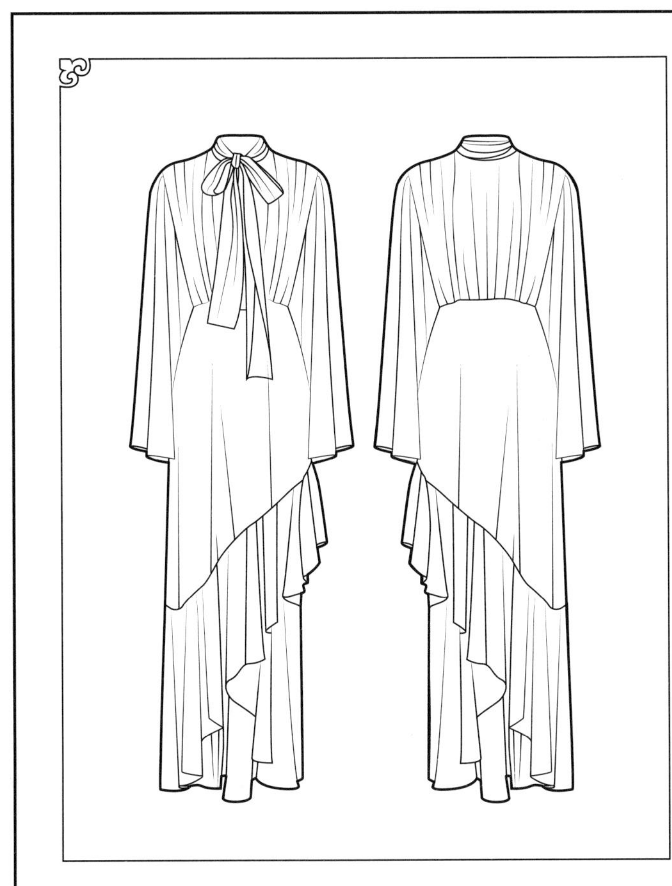

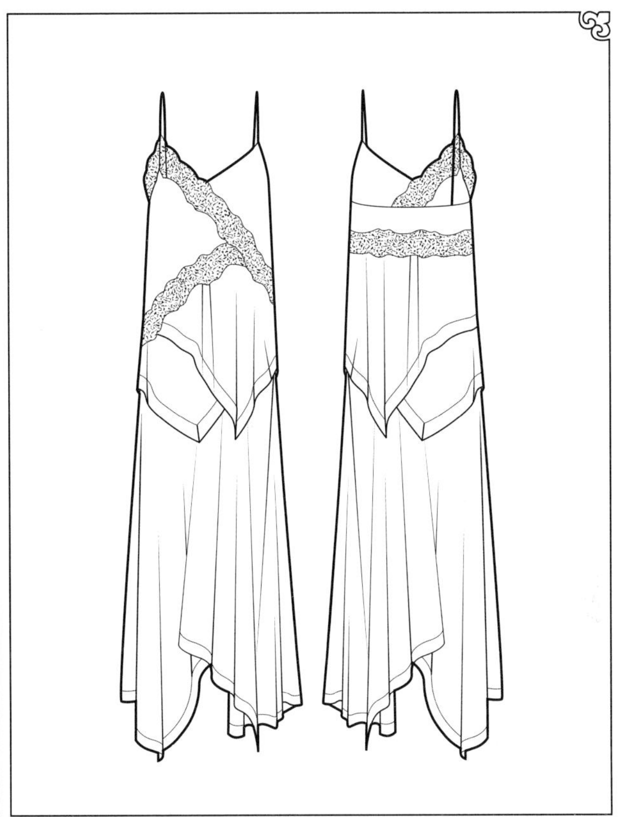

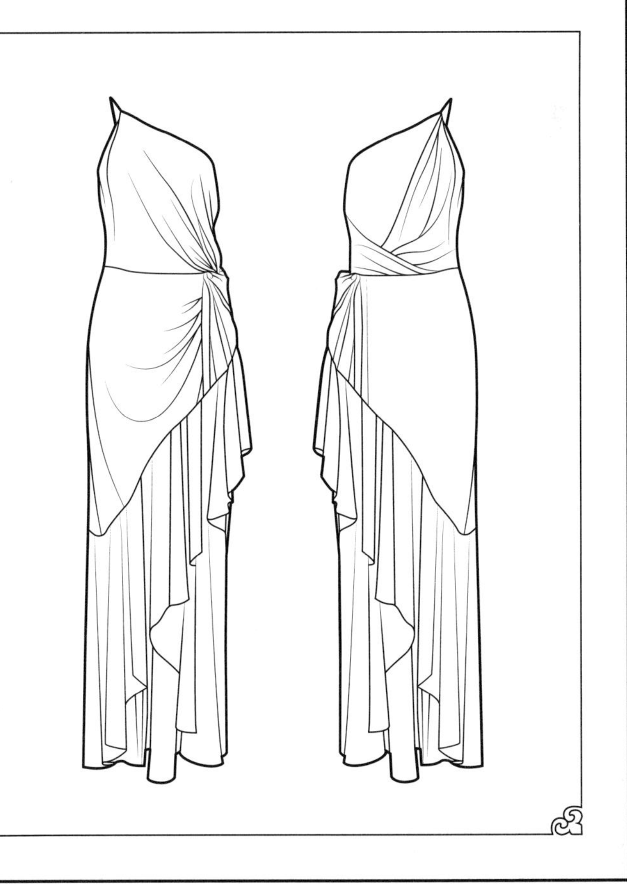

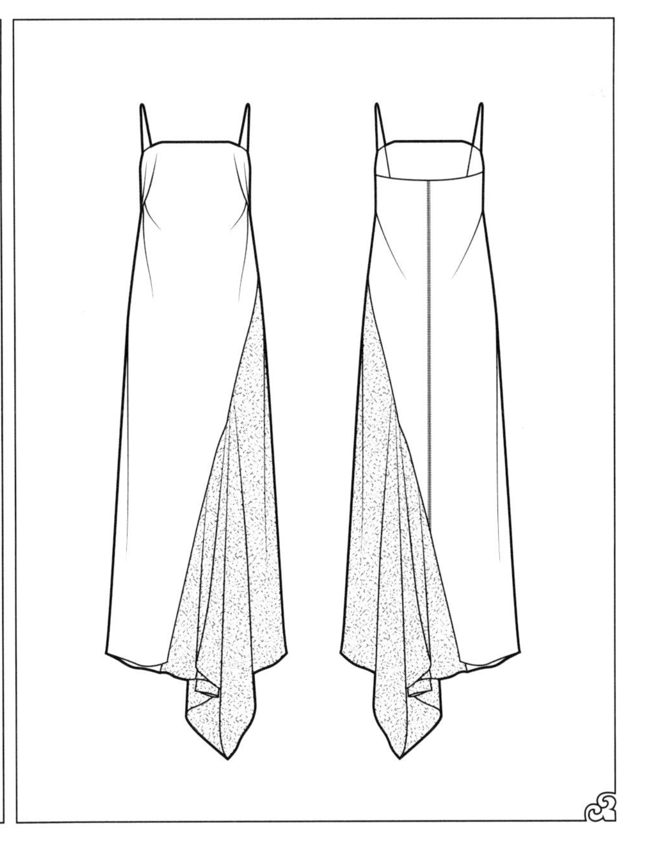

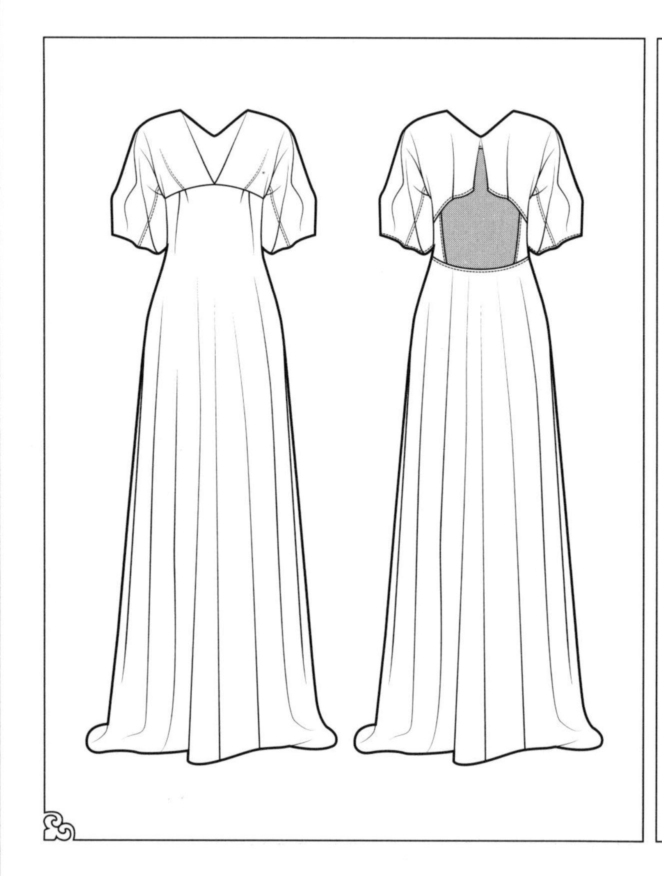

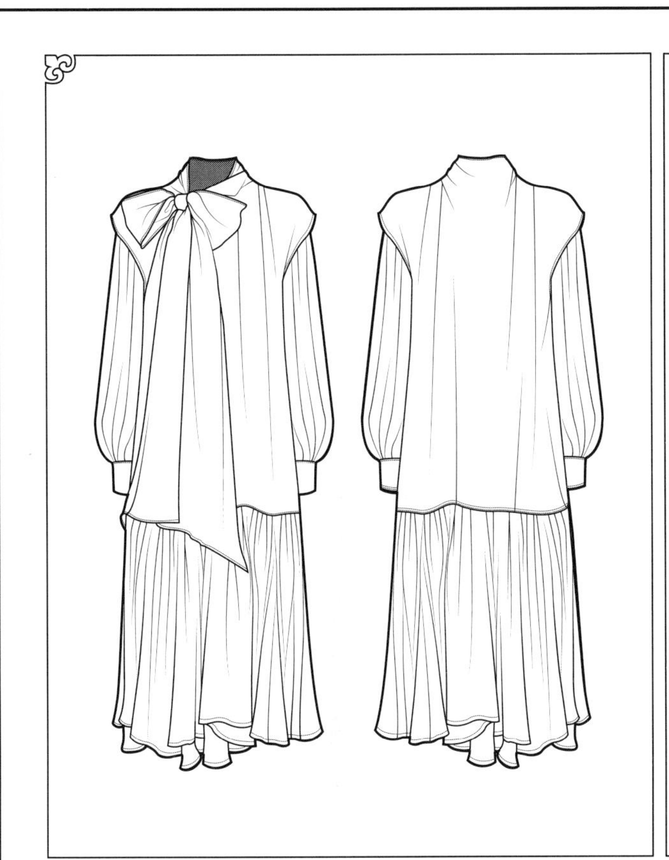

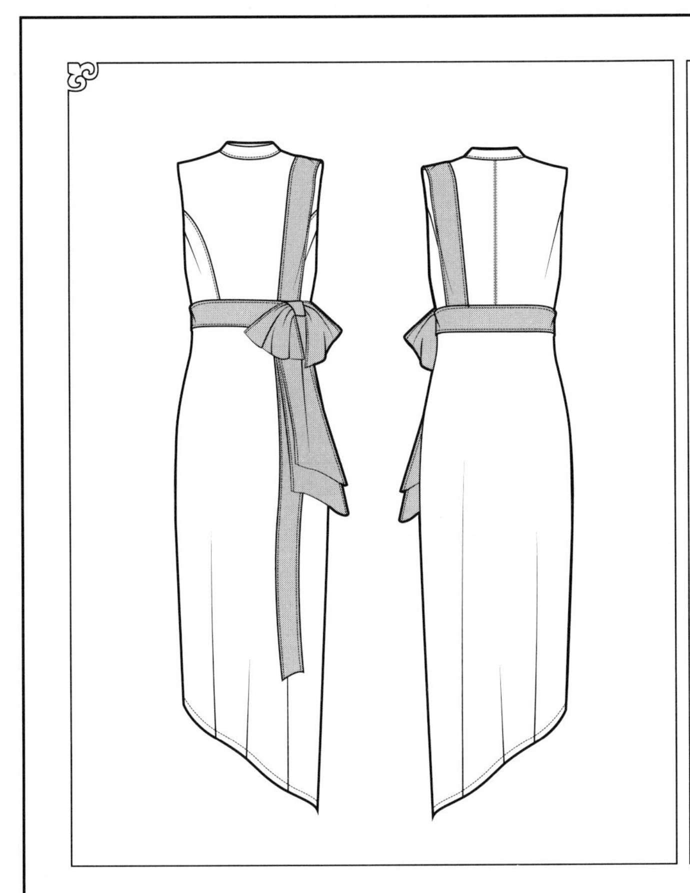

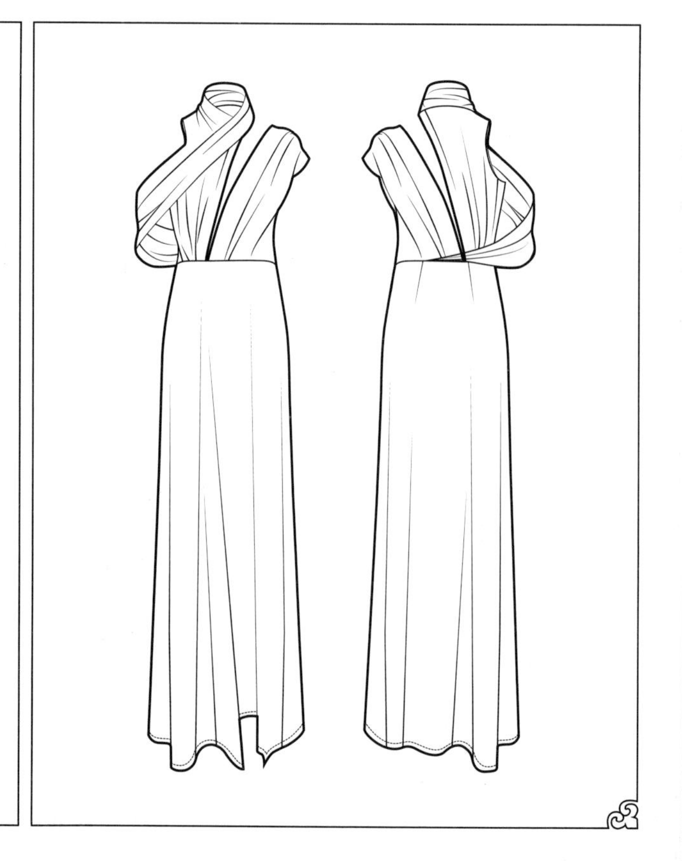

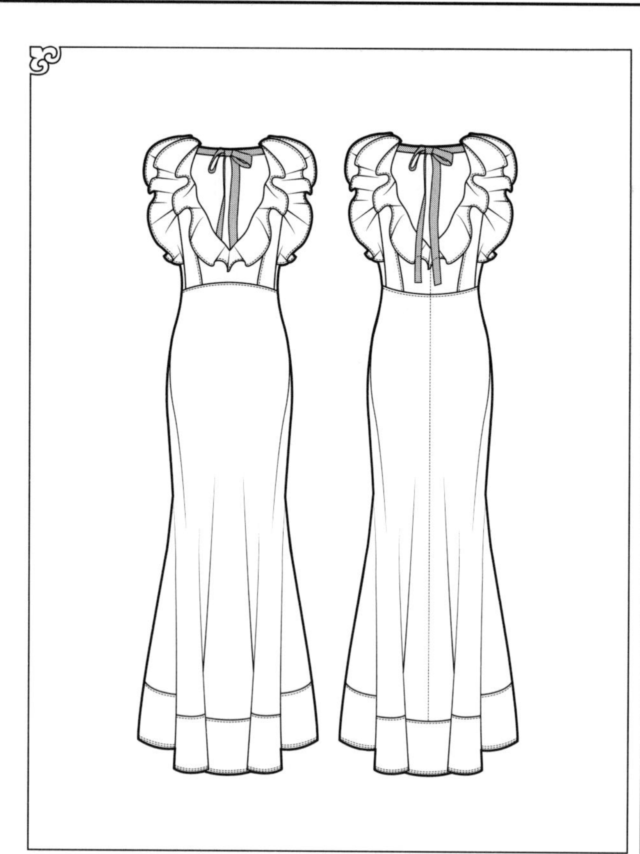

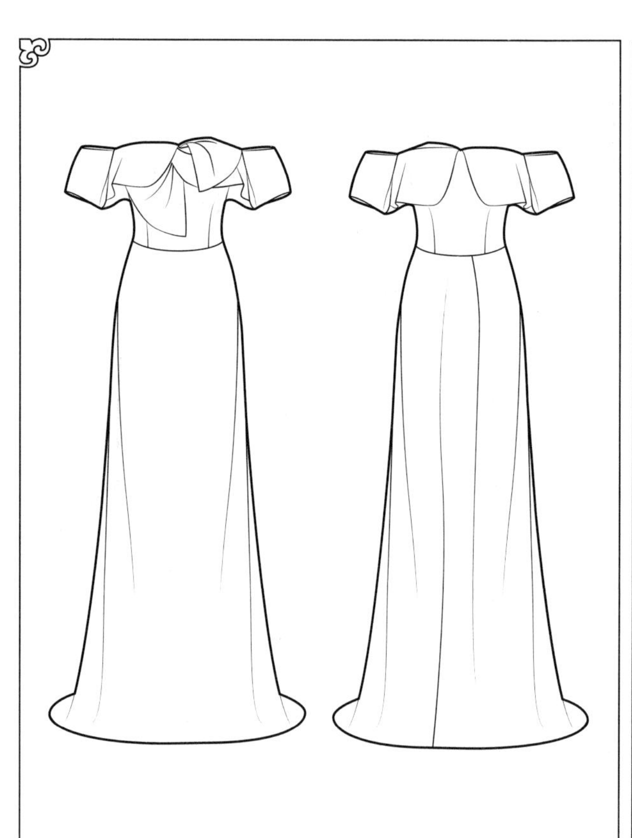

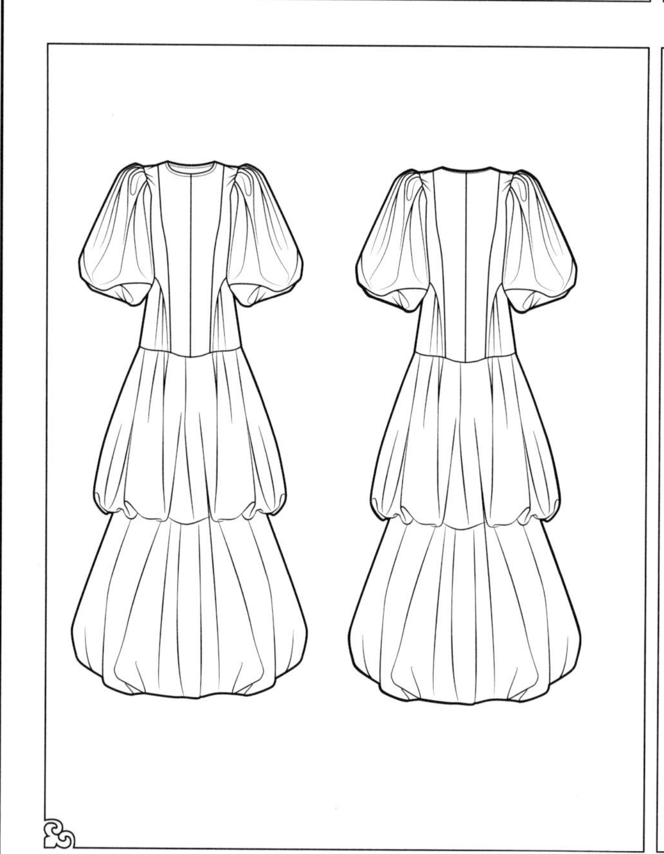

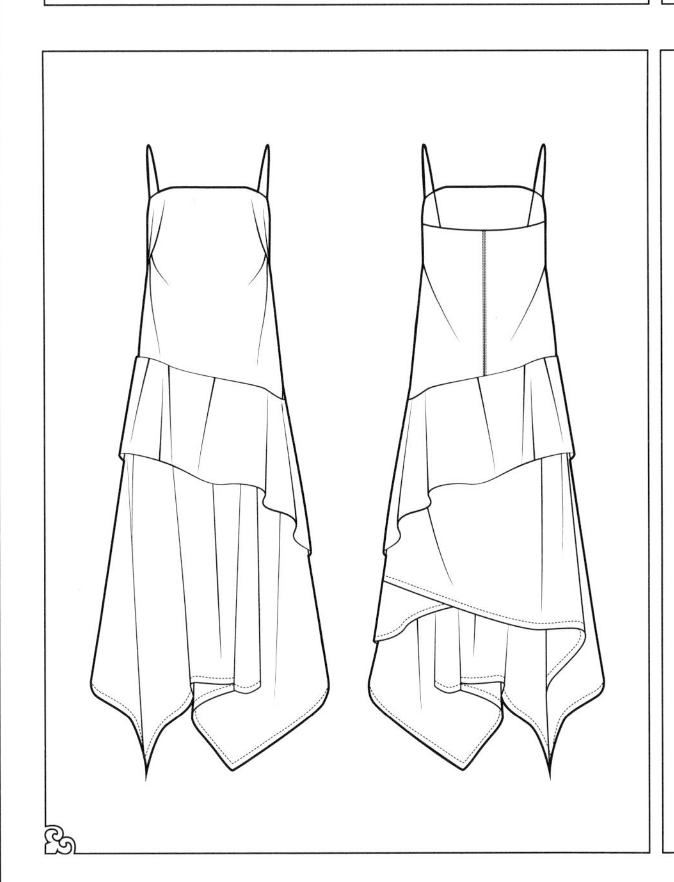

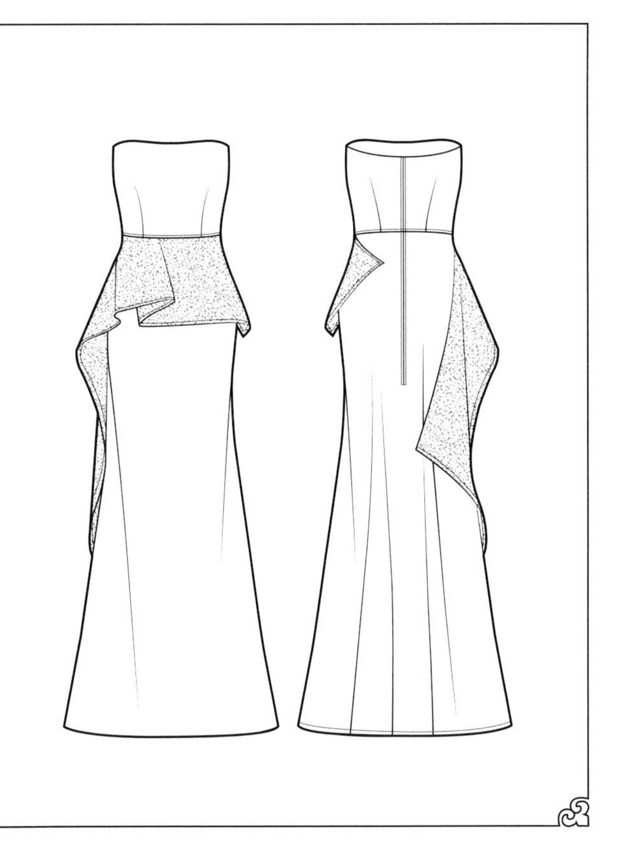

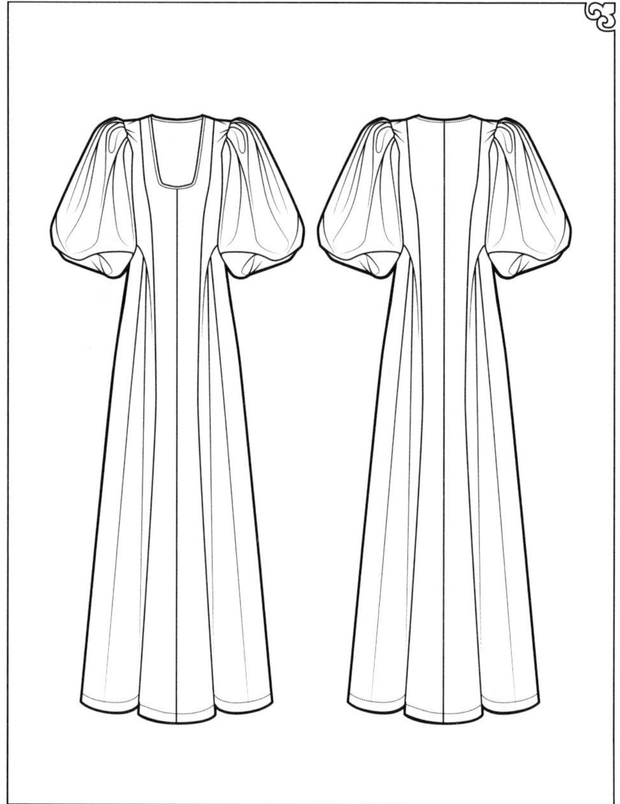

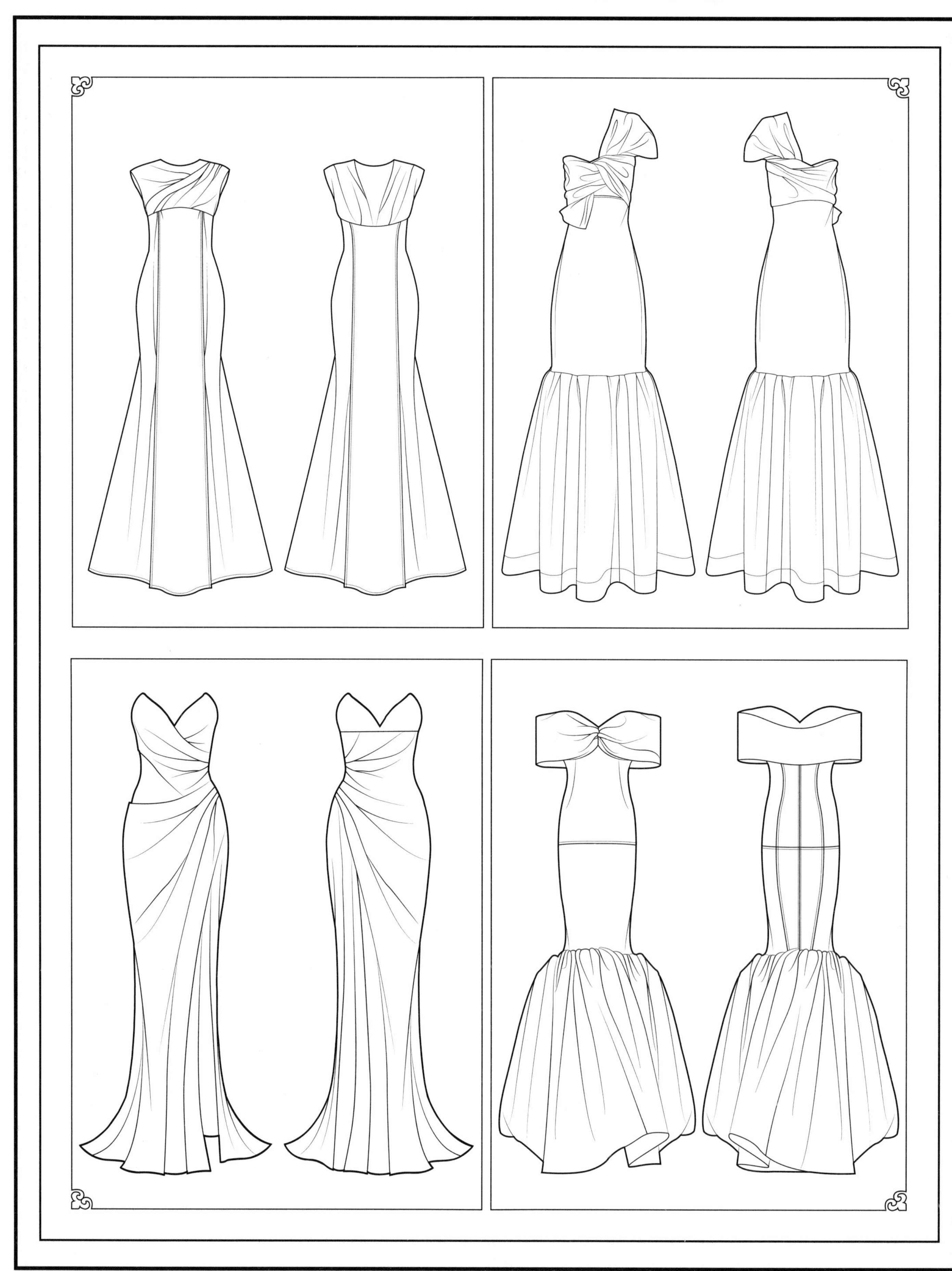

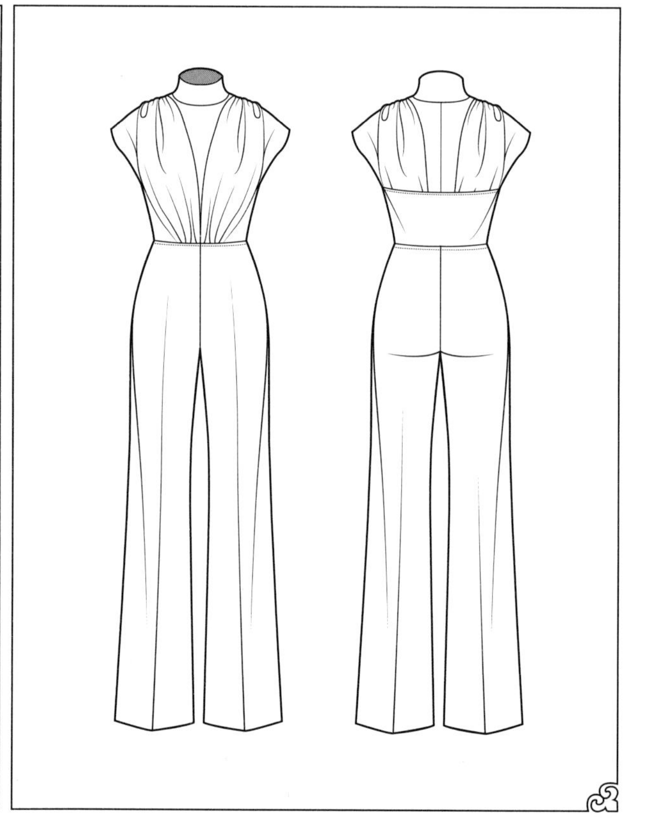

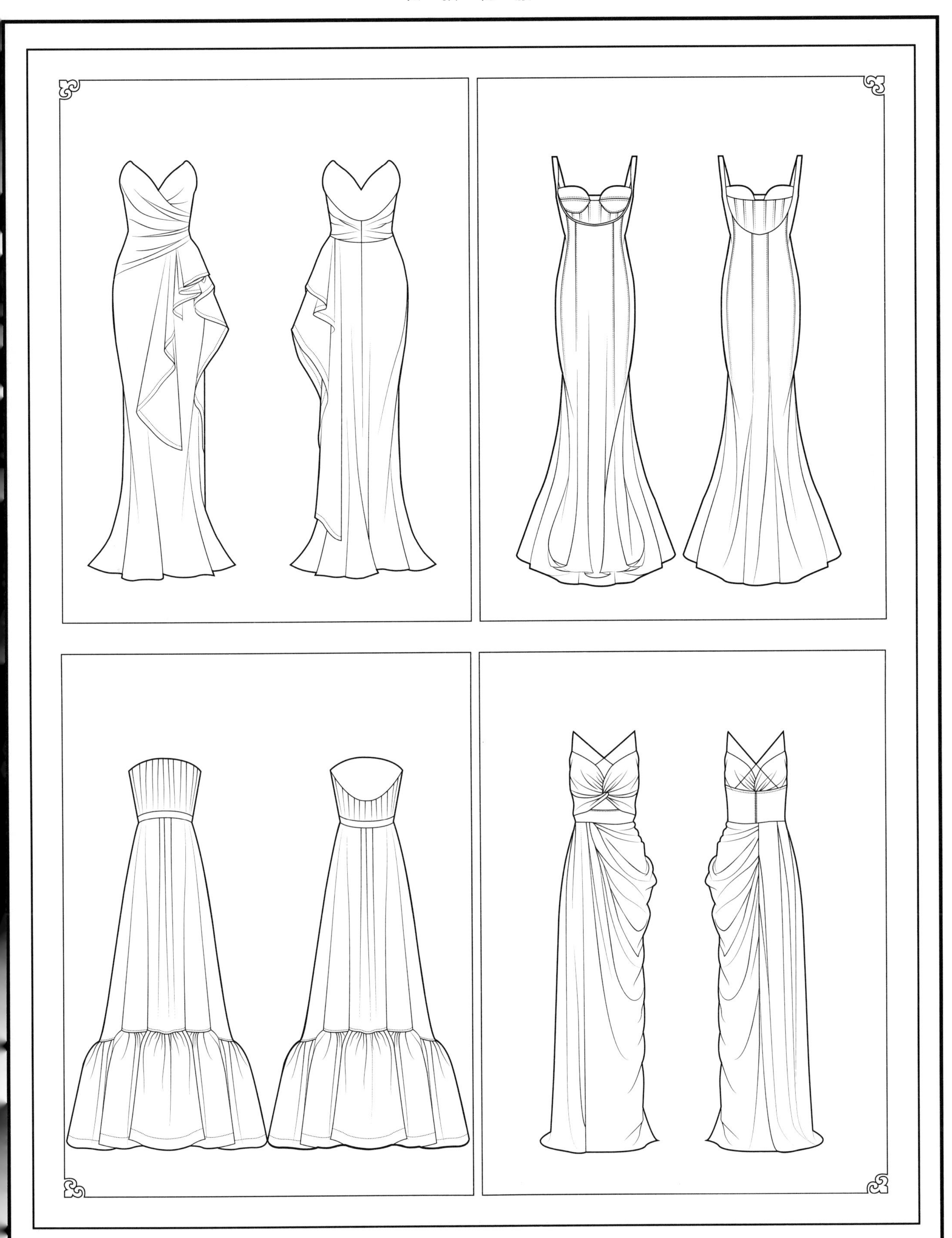

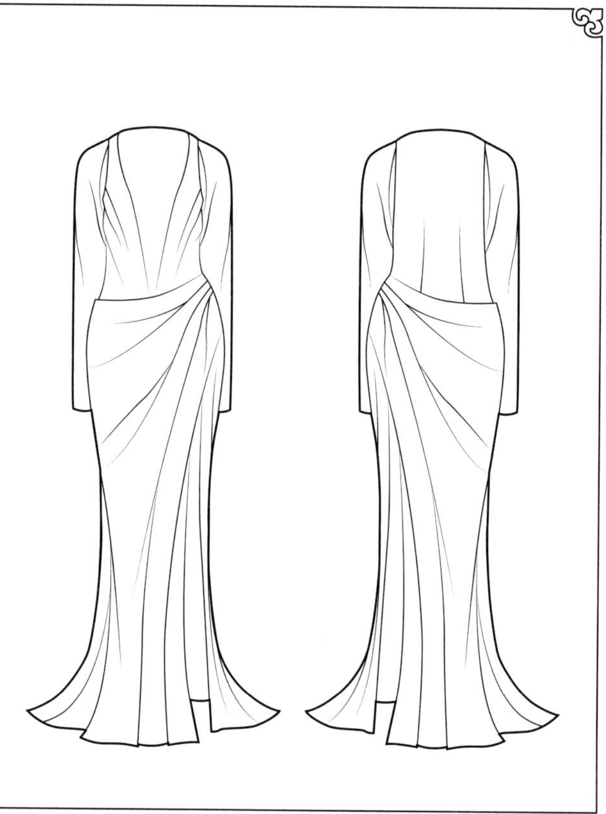

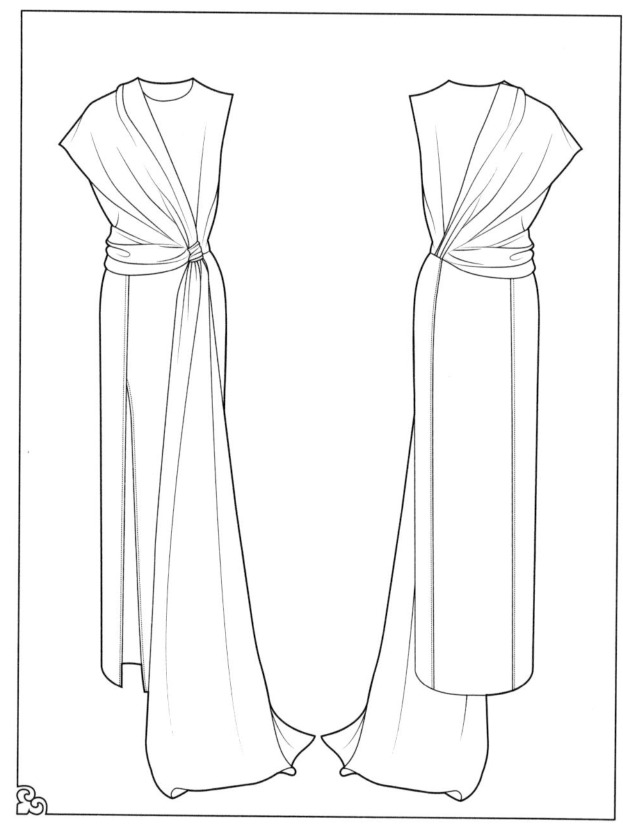

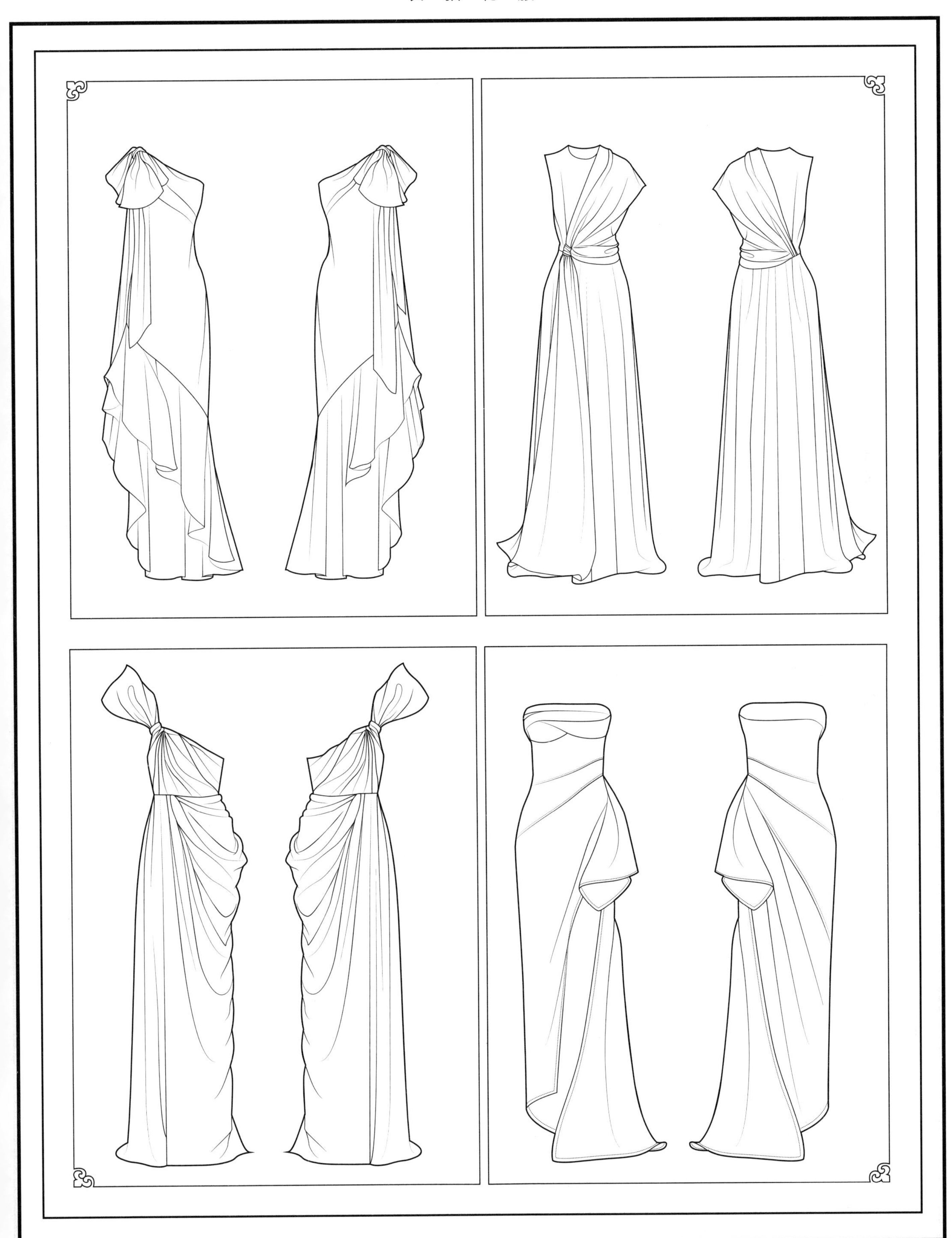

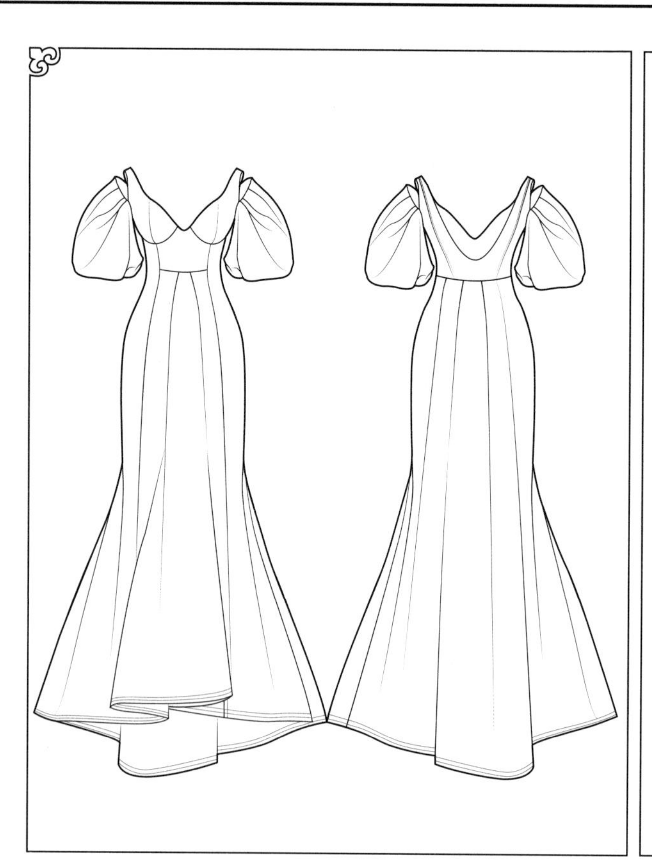

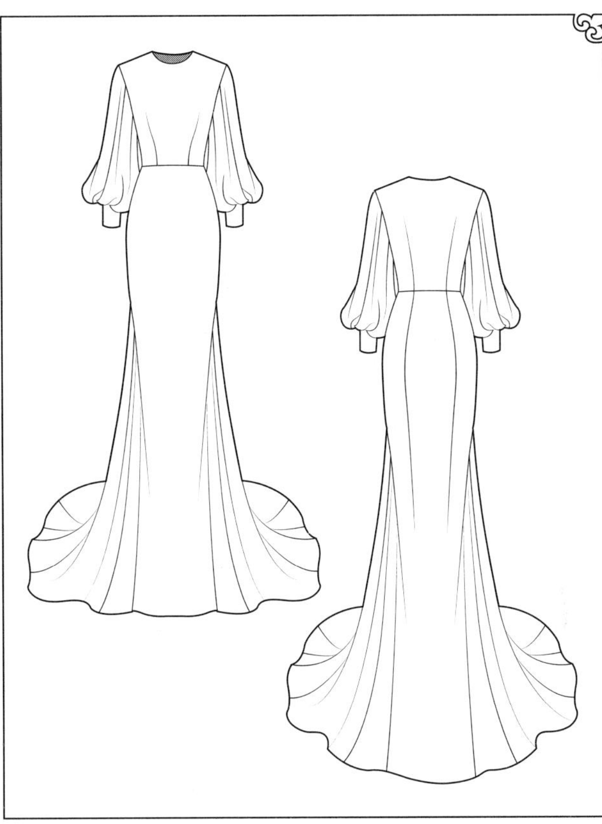

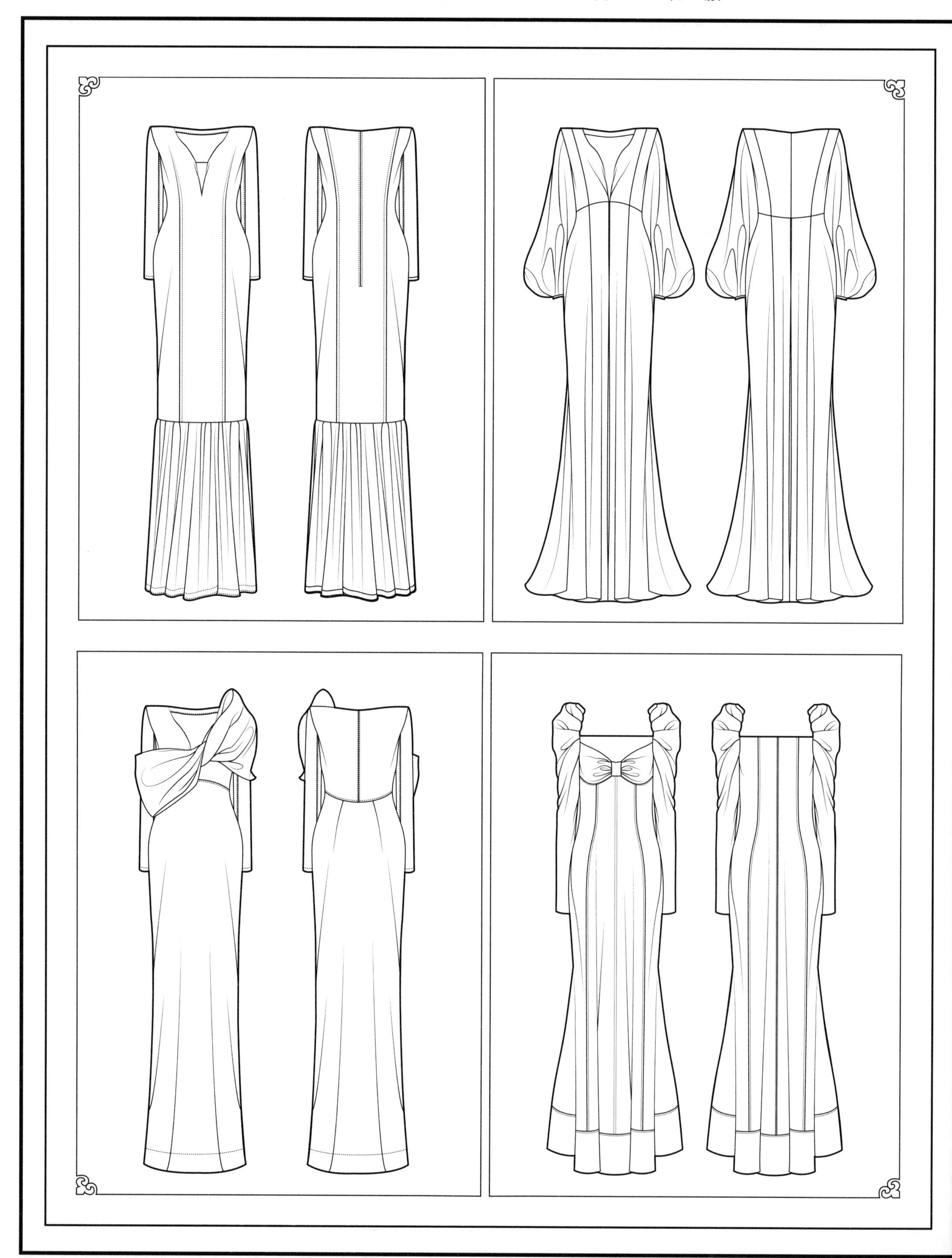

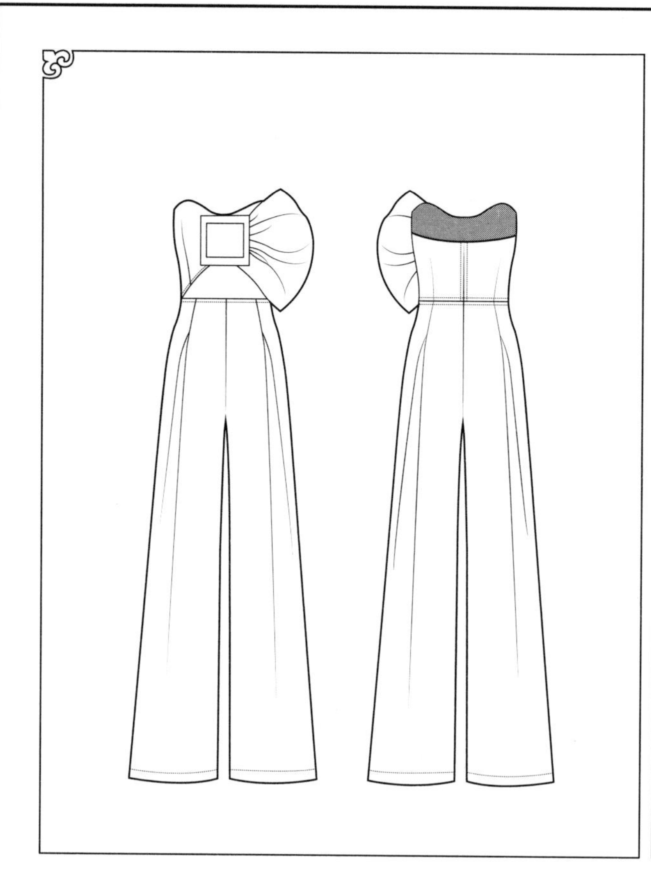

与长款礼服一样，中长款礼服也板型多变，着重体现面料与辅料的搭配效果。本章节主要突出中长款礼服的肩部、胸部、腰部等细节设计，不同风格的裙摆设计突出中长款礼服的适用性与独特性。不同风格的中长款礼服适用于不同的场合穿着。

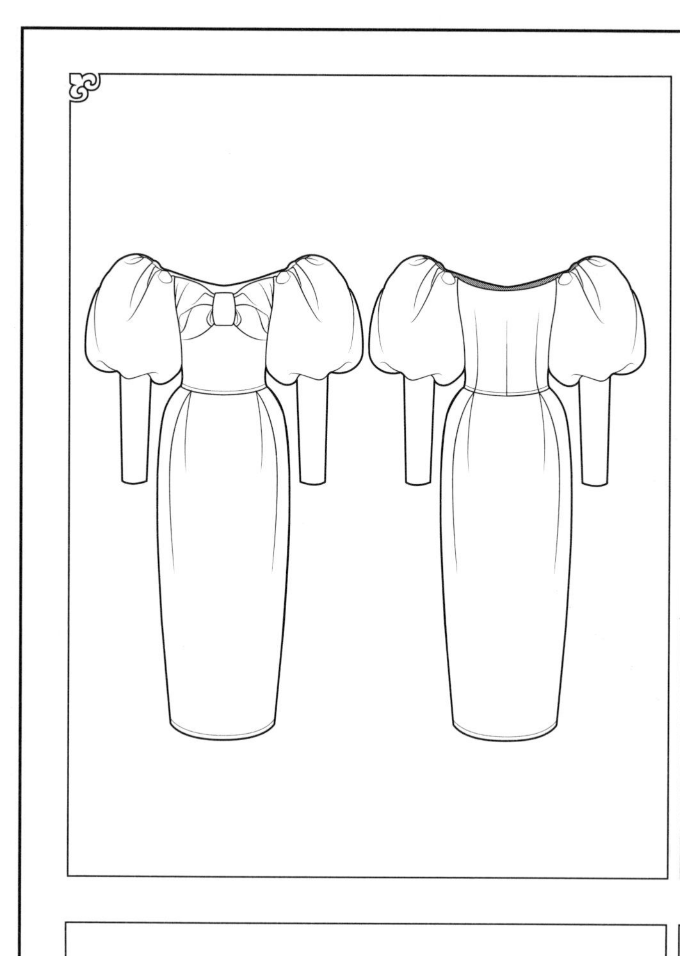

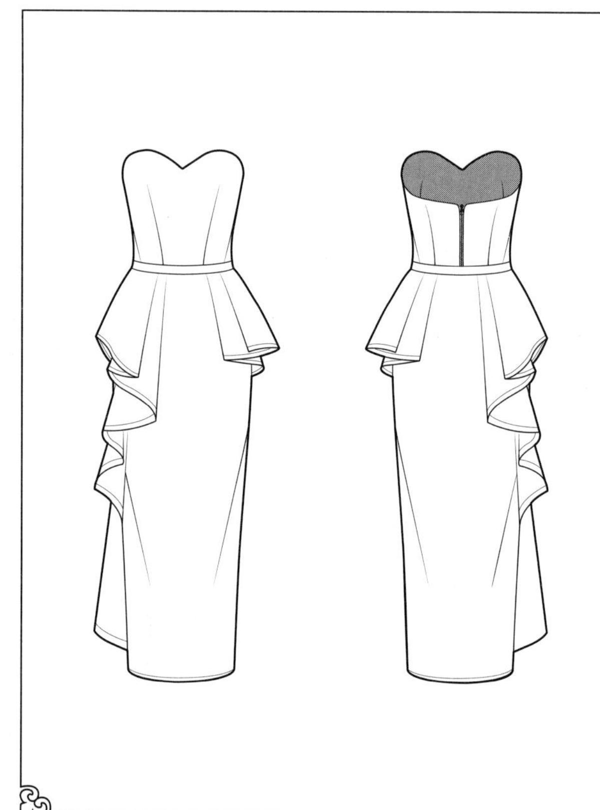

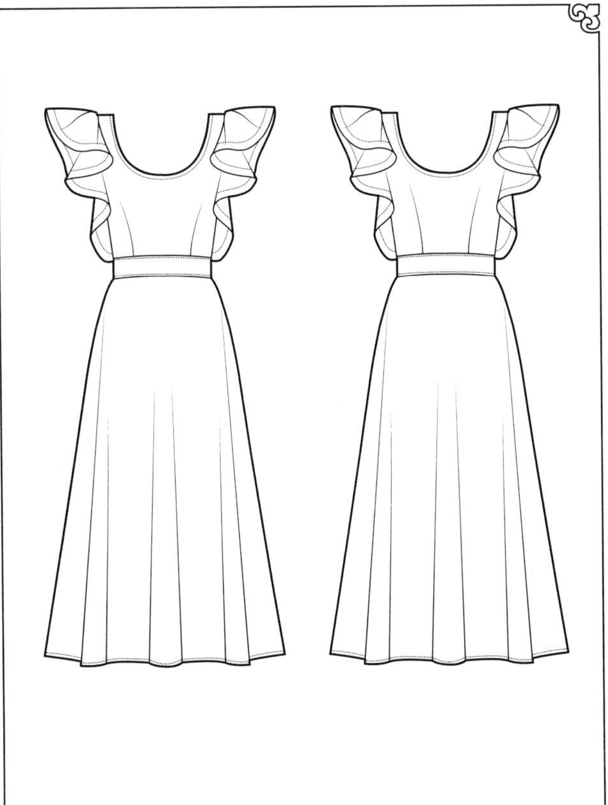

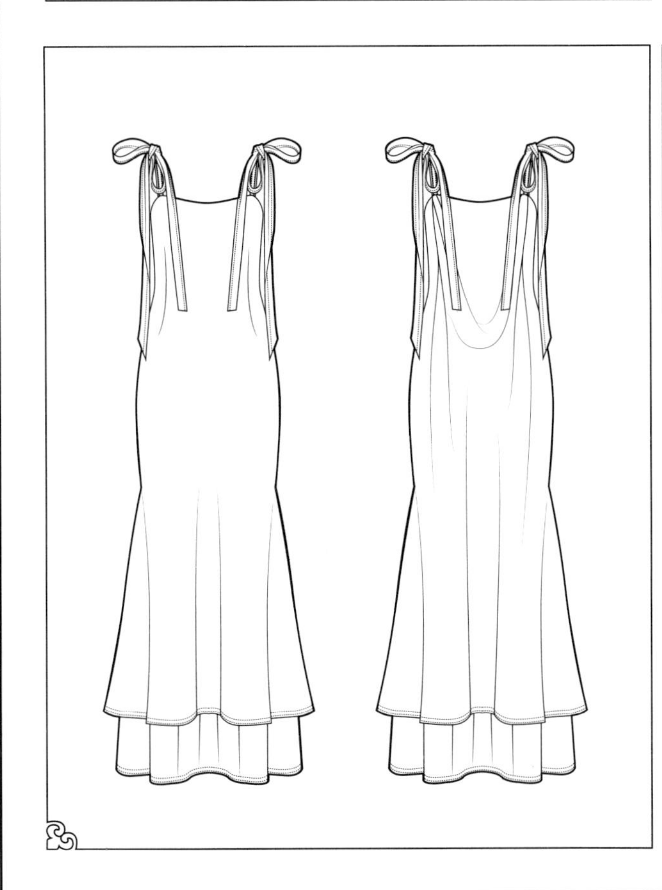

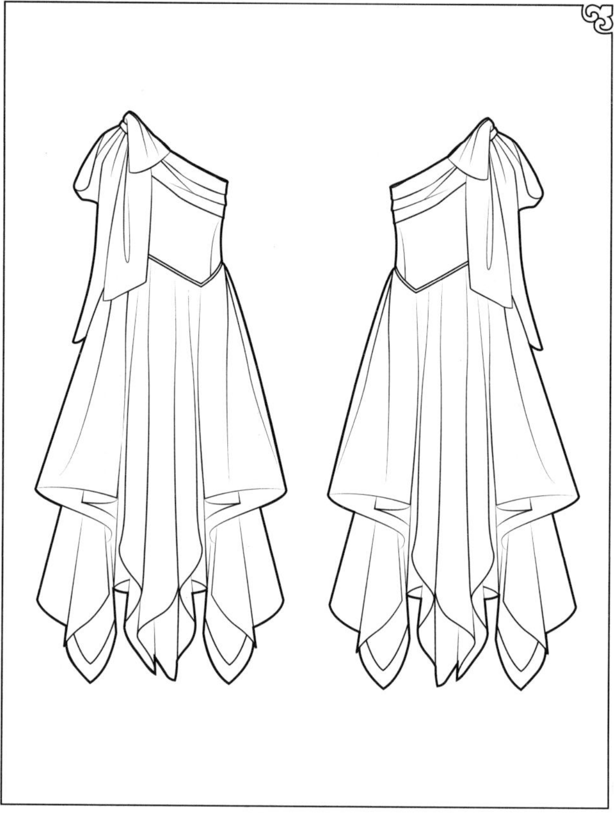

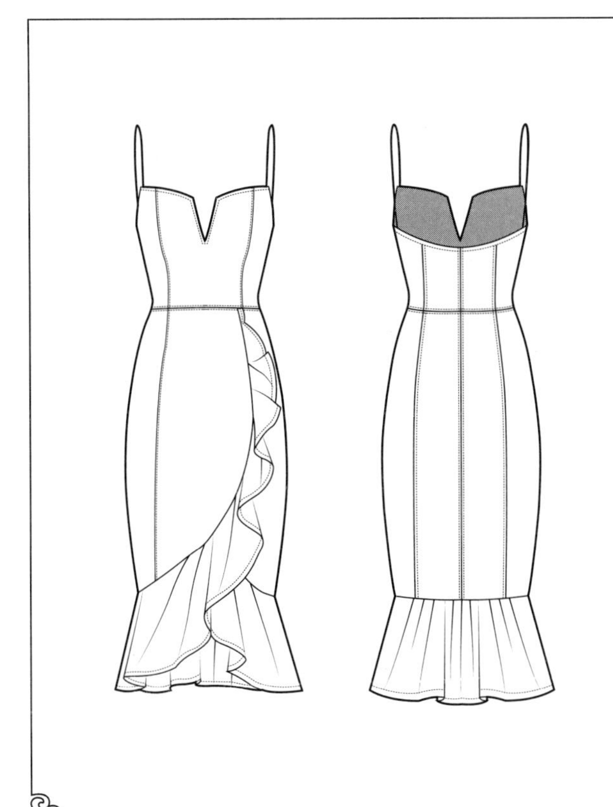

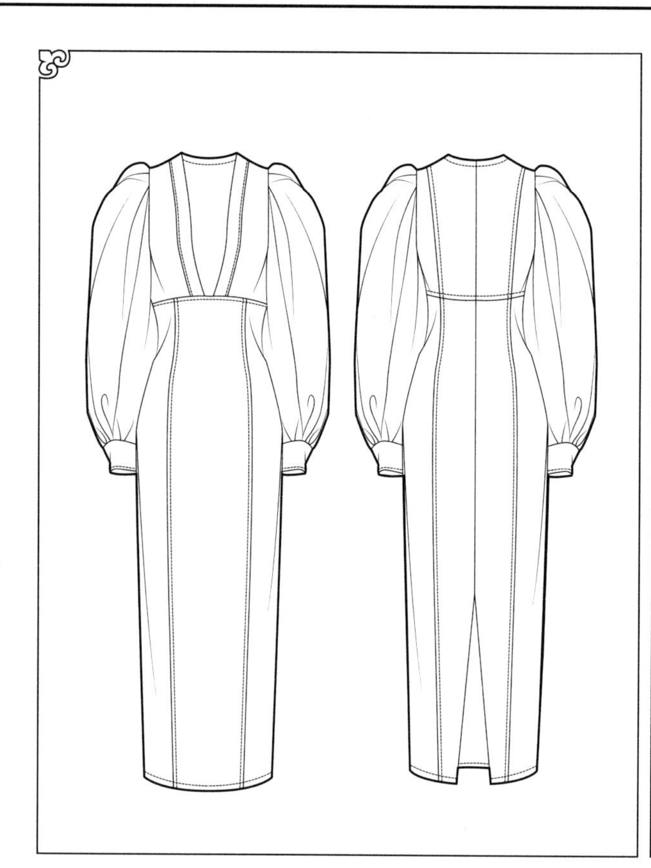

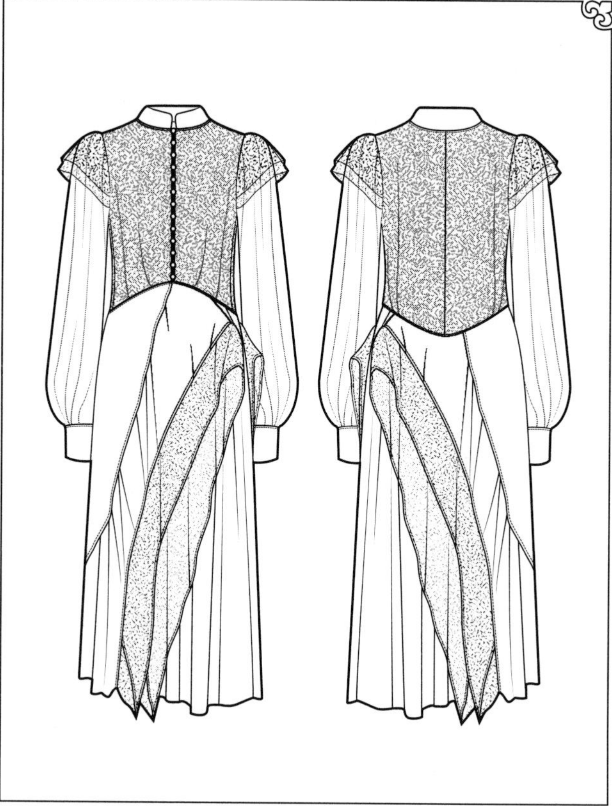

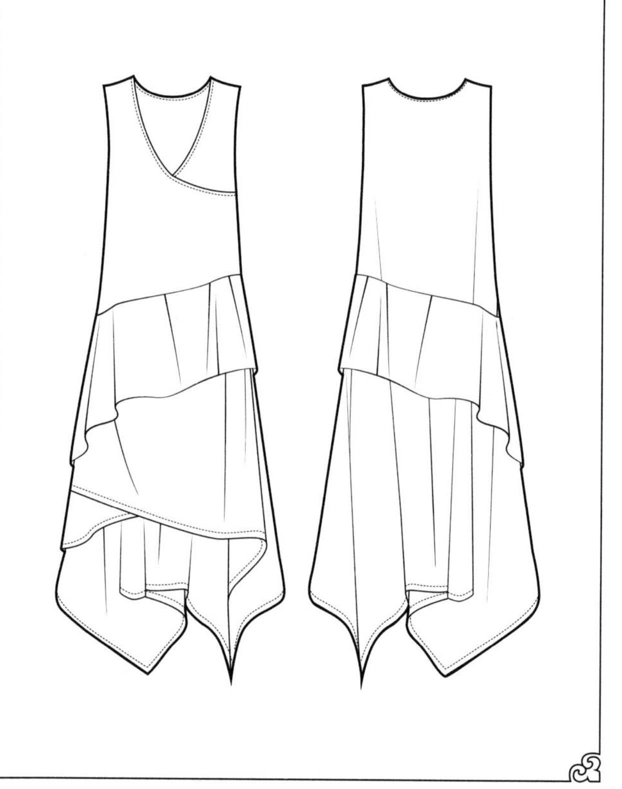

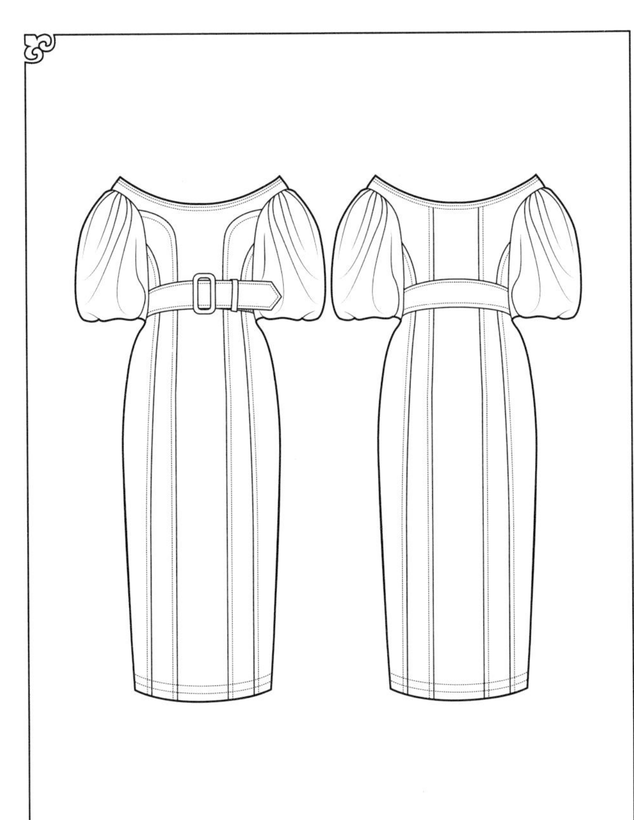

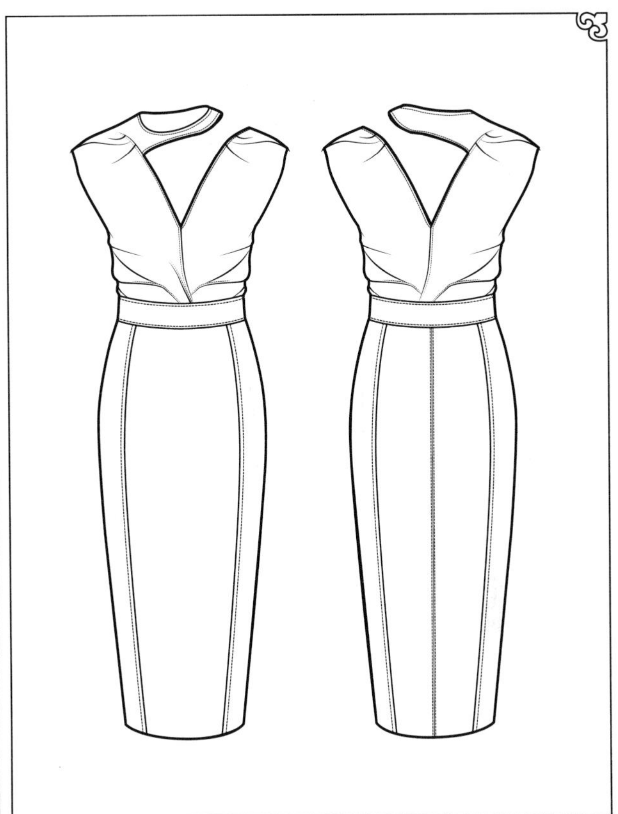

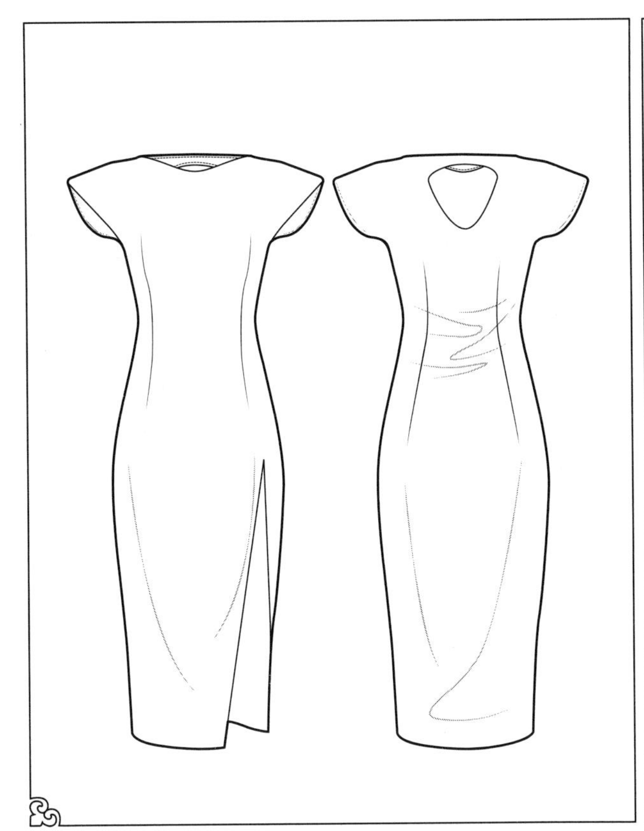

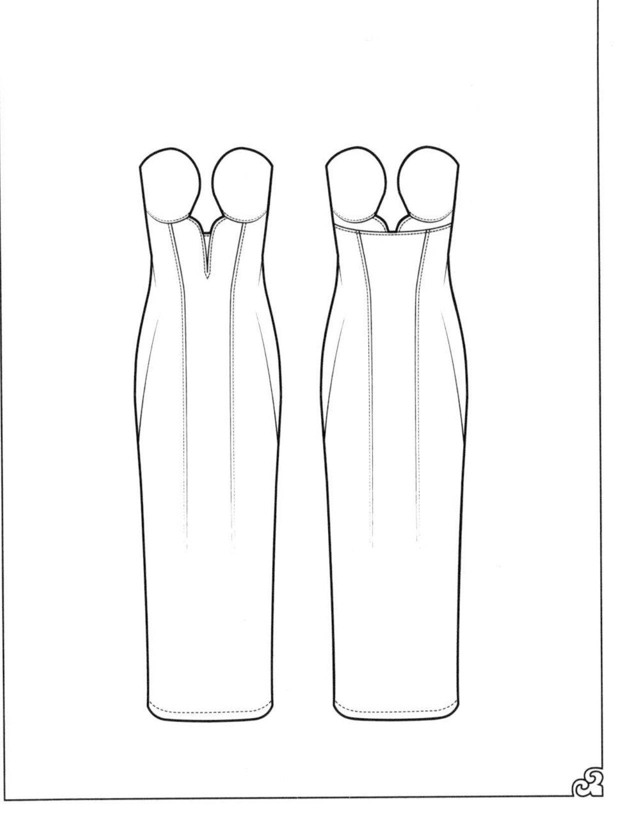

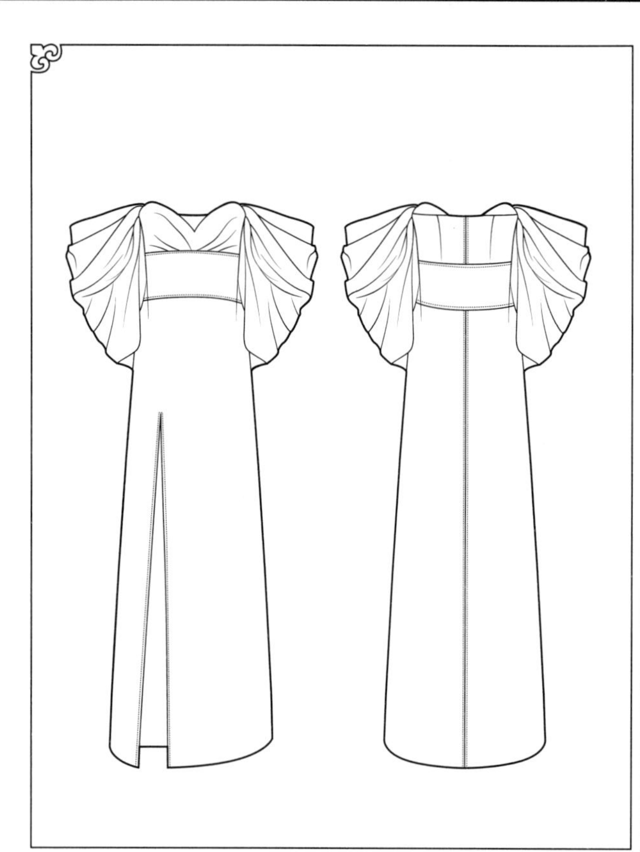

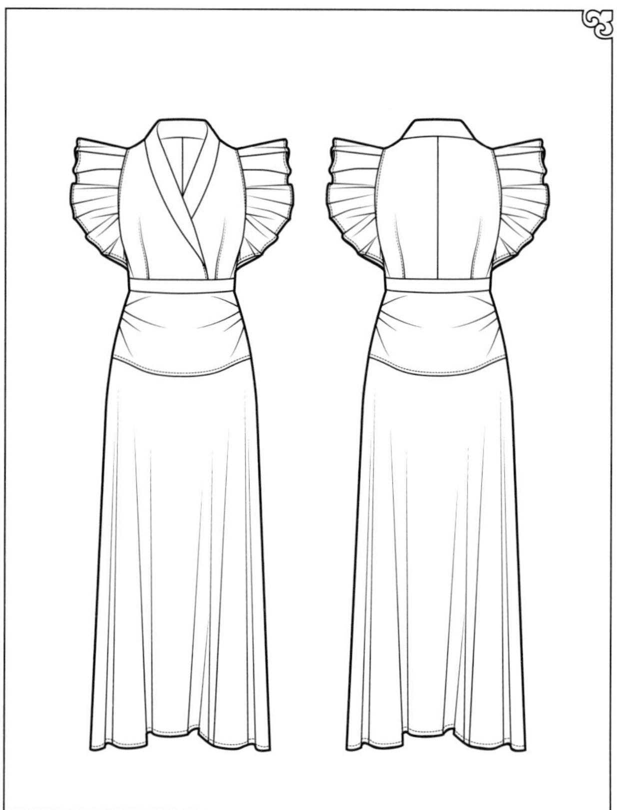

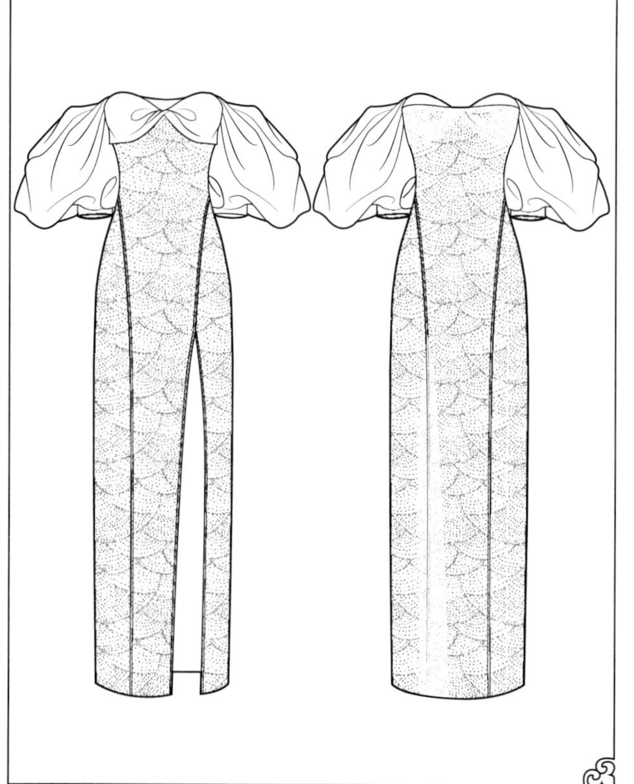

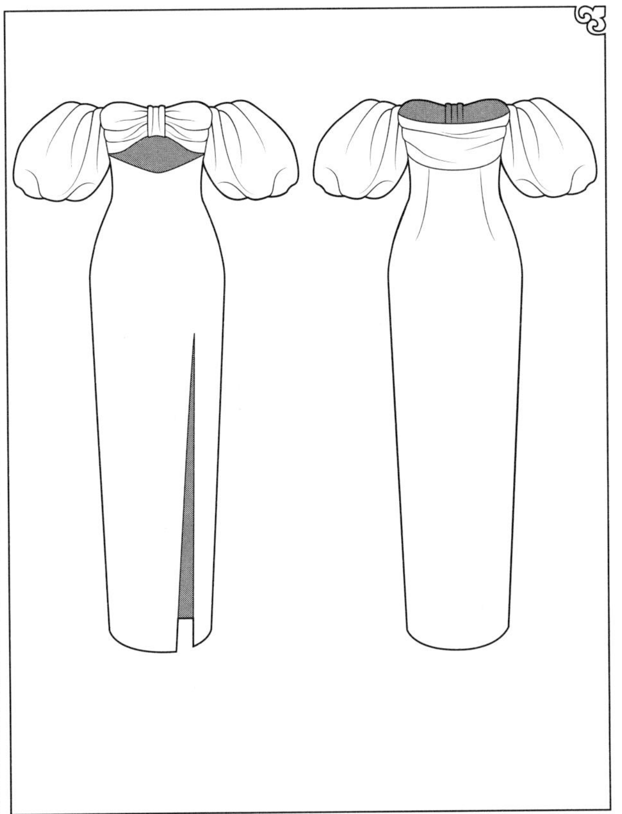

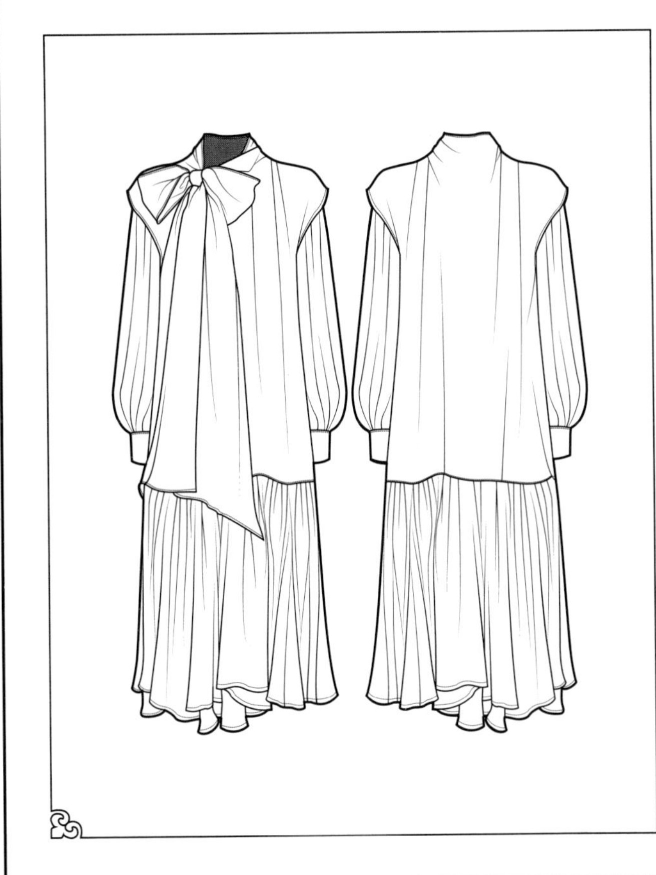

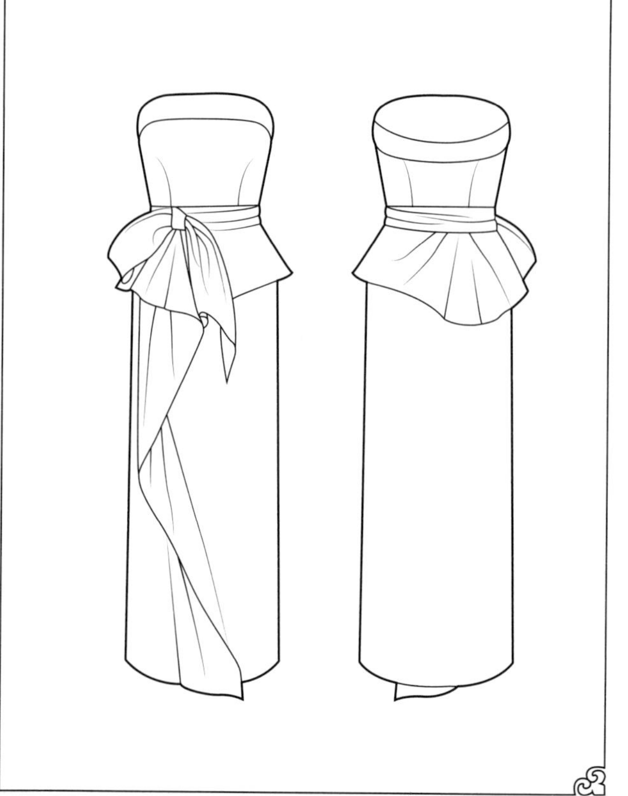

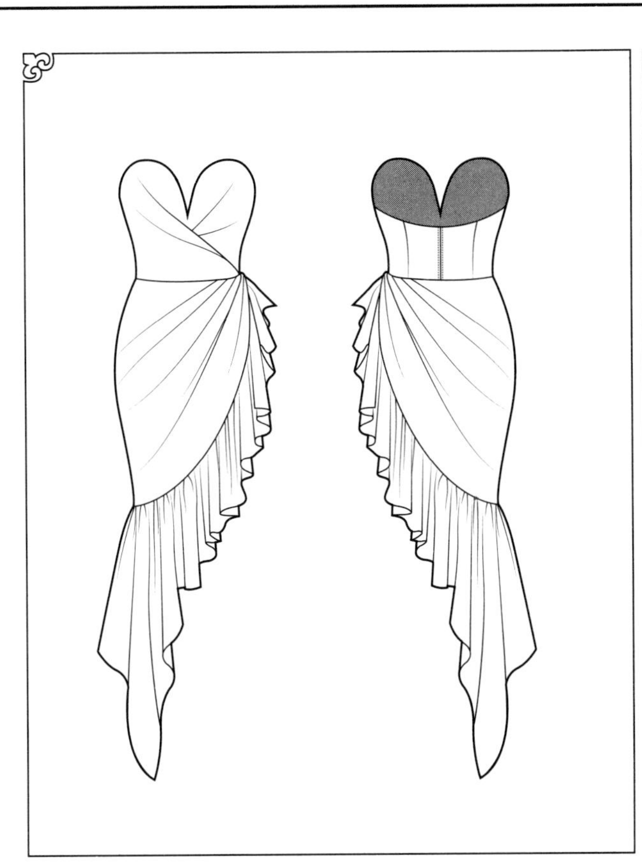

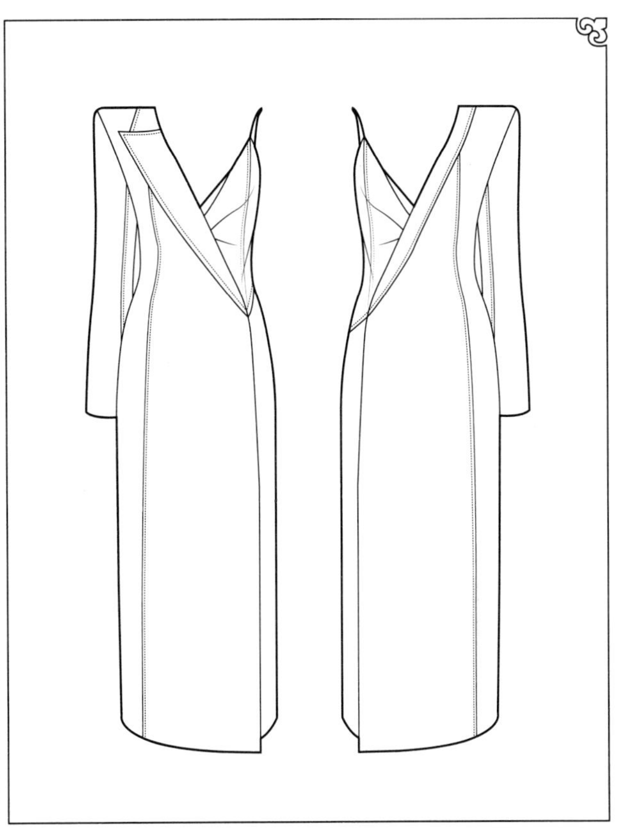

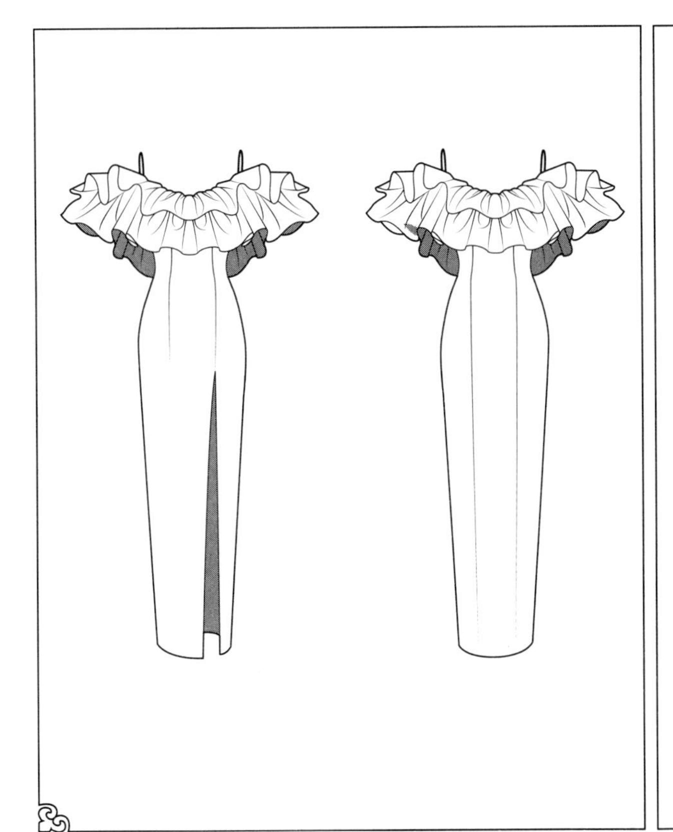

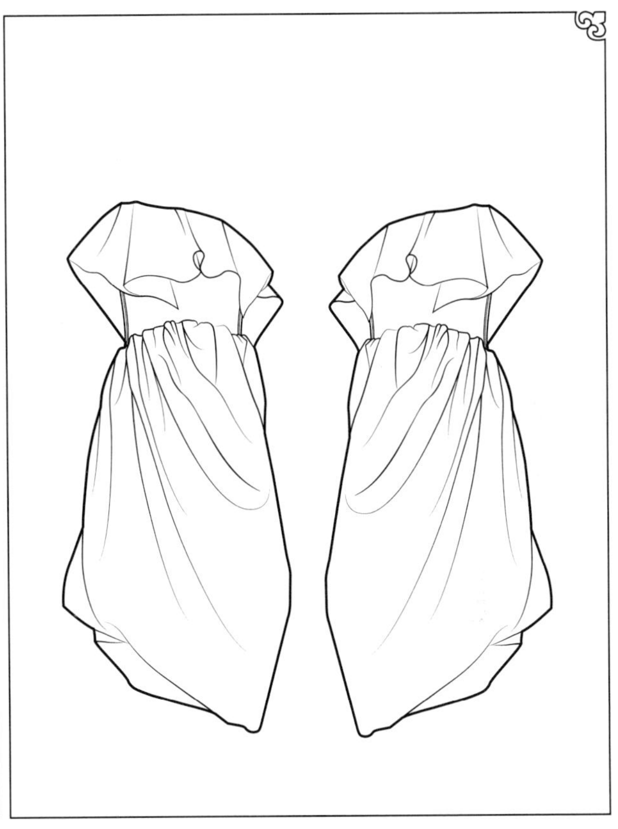

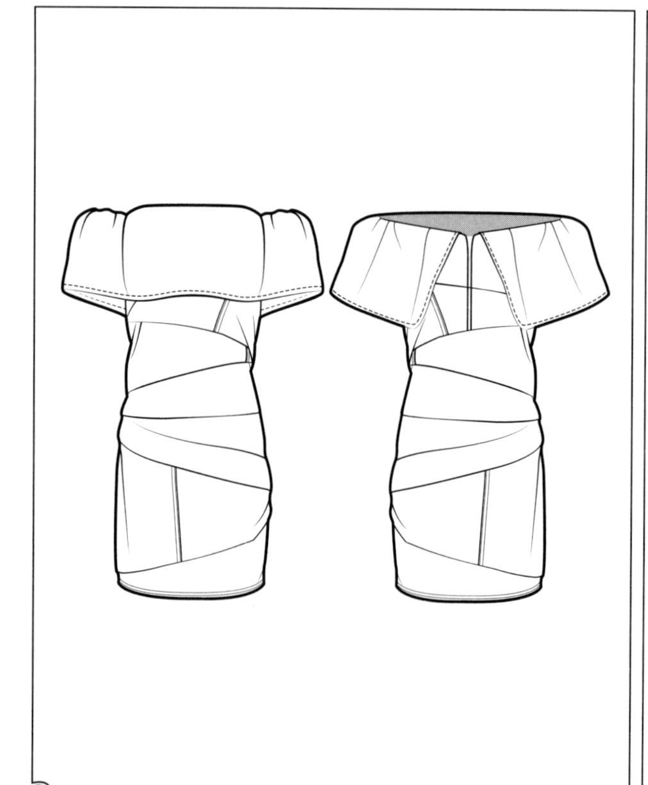

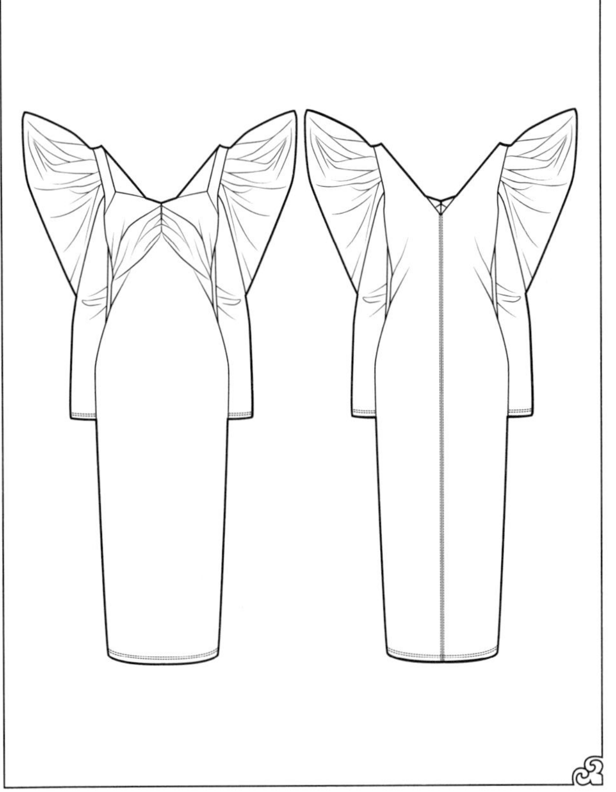

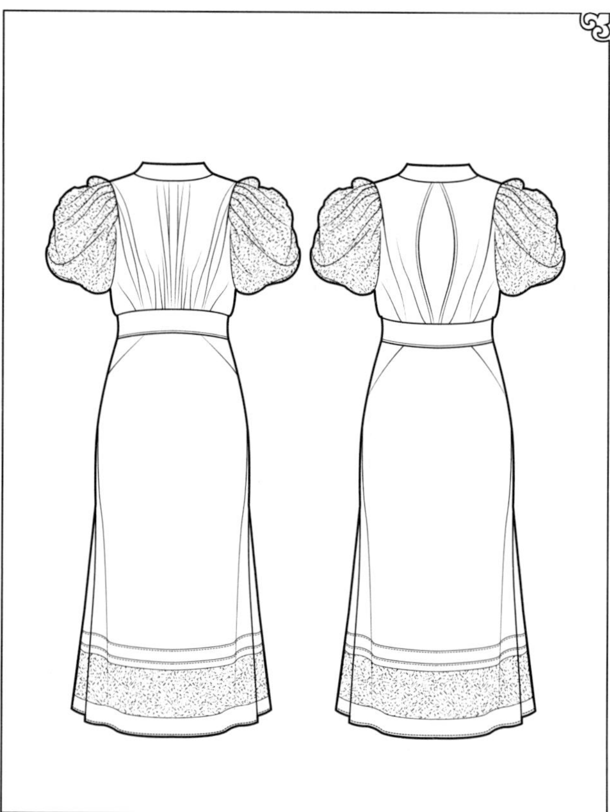

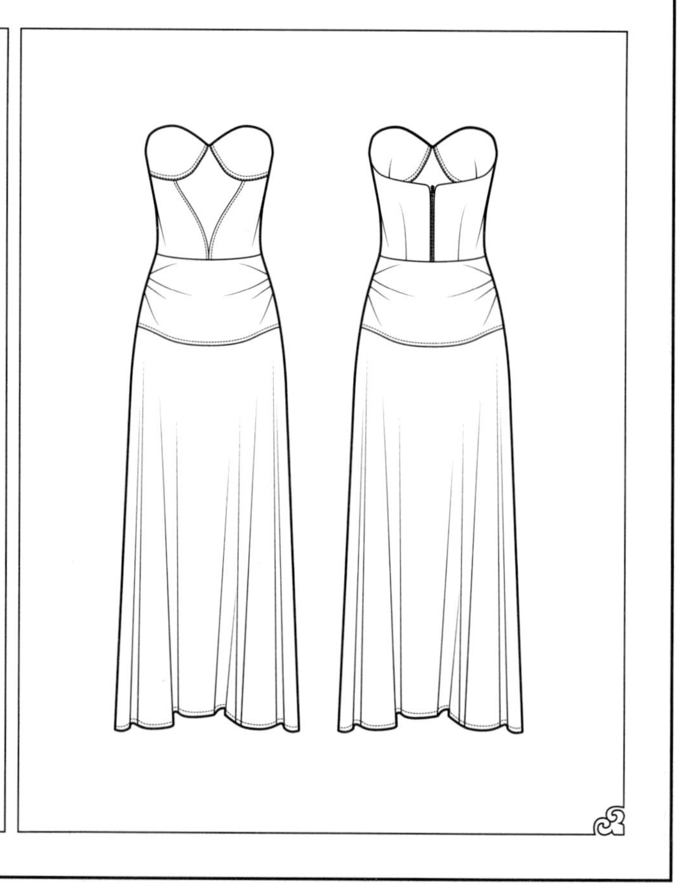

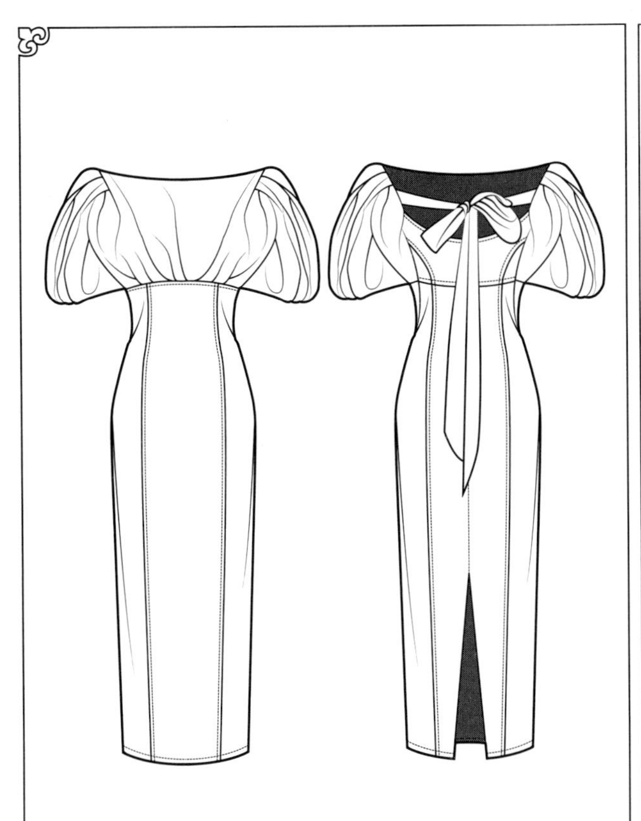